Über die Nutzbarmachung der Kali-Endlaugen

Von

Bergassessor Dr. Dietz

Berlin
Verlag von Julius Springer
1913

ISBN-13: 978-3-642-98722-9   e-ISBN-13: 978-3-642-99537-8
DOI: 10.1007/978-3-642-99537-8

Inhaltsverzeichnis.

Einleitung.

**Geschichtliche Übersicht über die Entwickelung der Kali-
industrie.** Die gewaltige Entwickelung, die der jüngste Zweig des
heimischen Bergbaues, der Kalibergbau, genommen hat, ist hinlänglich
bekannt. Wir dürfen uns daher einleitend auf die Wiedergabe der wichtigsten Abschnitte beschränken:

1861. A. F r a n k verarbeitet als erster den auf den preußisch-fis-
kalischen Schächten „von der Heydt" und „Manteufel" bei der
Steinsalzgewinnung beibrechenden Carnallit auf Chlorkalium.

1864/1872. Heftige Preisstürze infolge Überproduktion.

1876. Erster Versuch zu einem Preiskartell.

1879. 1. Carnallitkonvention. Sie umfaßt sämtliche 4 Werke.

1885. 2. Carnallitkonvention. Sie umfaßt das inzwischen enstandene
5. Werk. Gesamtabsatz im Jahre 1885: 20,7 Mill. Mark.

1884. (1. Januar.) Gründung des Verkaufssyndikates.

1886. Kainitvertrag.

1889. Gründung des Vollsyndikates (1. Syndikatsperiode bis 31. Dezember 1898). Es umfaßt zu Beginn 7 Werke. Gesamtabsatz
im Jahre 1889 rund 25 Mill. Mark.

1894. Ablehnung des preußischen Regierungsentwurfes, welcher das
Recht zur Kali- und Salzgewinnung dem Staate vorbehalten
will. Zahl der Werke Ende 1894: 9. Ihr Absatz betrug
1894: 36,5 Mill. Mark.

1899. 2. Syndikatsperiode (1. Januar 1899 bis 31. Dezember 1901). Sie
umfaßt zu Beginn 12 Werke. Absatz 1899: 48,45 Mill. Mark.

1902. 3. Syndikatsperiode (1. Januar 1902 bis 31. Dezember 1904). Sie
umfaßt bei Beginn 21 Werke. Der Absatz betrug 1902 rund
58 Mill. Mark.

1905. 4. Syndikatsperiode (1. Januar 1905 bis 31. Dezember 1909). Sie
umfaßt zu Beginn 28 Werke, Ende 1909 aber bereits 54 Werke.
Gesamtabsatz im Jahre 1905: 83 Mill. Mark.

1905. (30. Mai.) Die Mutungssperre der Lex Camp.

1907. Berggesetznovelle vom 18. Juni, durch welche die weitere Aufsuchung und Gewinnung der Kali-, Magnesia- und Borsalze dem
Staate vorbehalten bleibt.

1910. 5. Syndikatsperiode (1. Januar 1910 bis 6. Juni 1910), Rumpf-
syndikat genannt. Gesamtabsatz 1910: 152 Mill. bei 69 Werken,
einschließlich Sollstedt, Aschersleben und Einigkeit.

1910. (25. Mai.). Reichsgesetz über den Absatz von Kalisalzen.
1910. 6. Syndikatsperiode (7. Juni bis auf weiteres). Zunächst ohne Einigkeit, Aschersleben und Sollstedt.
1911. (21. Januar). Beitritt von Einigkeit.
1911. (30. Dezember.) Beitritt von Aschersleben und Sollstedt. Absatz 1911: 163 Mill. Mark bei 76 Werken mit 94 Quoten.
1912. Absatz rund 177 Mill. Mark bei 10092000 dz K_2O und 115 Quoten am Ende des Jahres.

An dieser sich in den aufgeführten Zahlen wiederspiegelnden gewaltigen Steigerung der Gewinnung nehmen nun auch und nicht zum wenigsten die lediglich Carnallit verarbeitenden Werke teil. Gestatteten diesen aber die Behörden ursprünglich ohne weiteres die Ableitung der bei der Chlorkalium- und Kaliumsulfat-Gewinnung fallenden chlormagnesiumhaltigen Laugen in die Flüsse, so wurde diese später mit dem Anwachsen der Betriebe an Bedingungen geknüpft, welche lediglich den im übrigen doch durchaus zu billigenden Zweck verfolgten, zugunsten der auf das Flußwasser angewiesenen Gemeinden und Gewerbe eine unmäßige Verhärtung und Versalzung der Flüsse zu verhüten.

Leider nahmen jedoch die Auseinandersetzungen über den noch zulässigen Chlor- und Magnesiumgehalt immer schärfere Formen an, bis schließlich die preußischen Landesbehörden unter dem Drucke der öffentlichen Meinung sich genötigt sahen, keine Abwässererlaubnis mehr zu erteilen.

In diesem Streit des „Für und Wider" eine Entscheidung treffen zu wollen, ist nicht der Zweck der vorliegenden Zeilen. Was hier erstrebt wird, ist: Durch Erörterung der einschlägigen Verhältnisse klärend zu wirken, um so einer ruhigeren Auffassung der Endlaugenfrage den Weg zu ebnen; und zwar soll in dem vorliegenden Schriftchen ausschließlich die bisher etwas vernachlässigte technische Seite der Beseitigung und Nutzbarmachung der Endlaugen näher getreten werden.

Was ist denn nun überhaupt die Endlauge? Die Endlauge ist eine farblose, geruchlose, wasserklare Flüssigkeit, welche vornehmlich Chlormagnesium enthält. Sie entsteht bei der Verarbeitung von Carnallit $(MgCl_2 . KCl . 6 H_2O)$ auf Chlorkalium (KCl) und bei der sog. Sulfatfabrikation, d. h. bei der Überführung des Chlorkaliums in das Kaliumsulfat (K_2SO_4) oder in die Kalimagnesia $(K_2SO_4 . MgSO_4 . 6 H_2O)$.

Nur insoweit also die Hartsalz oder Sylvinit bauenden Werke Sulfat herstellen, erzeugen auch diese chlormagnesiumhaltige Endlaugen. Da jedoch die Sulfatgewinnung nur einen kleinen Teil des gewonnenen Chlorkaliums erfordert, so kommt den hierbei fallenden Endlaugen eine größere Bedeutung nicht zu, und um so weniger, als auf 2 dz K_2O in Form von Sulfat nur etwa 0,5 cbm Laugen entstehen, die überdies zumeist als Löselauge wieder in den Betrieb zurückkehren. Die Folge hiervon ist, daß die Hartsalz- und Sylvenitwerke eine Erlaubnis zur Ableitung

der Endlaugen in vielen Fällen unbekümmert um das Vorhalten der Hart-
salze und Sylvenite gar nicht nachzusuchen für notwendig befunden haben.

Im Gegensatz zu den genannten Werken entstehen nun auf den
Carnallitwerken ungleich größere Mengen Endlauge; rechnet man doch
auf diesen mit 50 cbm auf 1000 dz entsprechend 1 cbm auf 20 dz K_2O
in Form von KCl. Fallen also auf den Doppelzentner K_2O bei der
Carnallitverarbeitung doppelt soviel Laugen als bei der Sulfatgewinnung,
so kommt noch hinzu, daß auf den Carnallitwerken fast stets die gesamte
Rohsalzförderung der Fabrik zur Chlorkaliumgewinnung zugeführt
werden muß.

Verarbeitet nun ein Carnallitwerk täglich 3000 dz, so entstehen
innerhalb 24 Stunden 150 cbm Laugen, deren Beseitigung in anderer als
der bisher üblichen Form der Ableitung in die Flüsse so ohne weiteres
nicht gegeben ist.

Eine Zeitlang schien es nun, als wenn die Gewinnung von Carnallit
im Verhältnis zur gesamten Rohsalzmenge (vergl. Tafel I) zurückginge,
wenigstens zeigten bis zum Jahre 1910 die keine Endlauge liefernden
Rohsalze, wie Kainit, Schönit, Hartsalz und Sylvenit wesentlich höhere
jährliche Steigerungssätze, und im Jahre 1910 standen sich die beiden
Gruppen sogar mit 35 808 000 dz für Carnallit einschließlich Bergkieserit
und 45 779 000 dz für Hartsalz usw. gegenüber.

Diese beträchtliche Verschiebung zuungunsten der Carnallitwerke
schien der Endlaugenfrage die Spitze abbrechen zu wollen. Denn was
sollte wohl noch das Geschrei, wenn eine wesentliche Vermehrung der
Endlaugen nicht mehr zu gewärtigen war. Die Frage erledigte sich auch
in diesem Falle, wie Gott sei dank so oft, einfach durch Liegenlassen.

Doch schon das folgende Jahr 1911 machte diese Hoffnung zu-
nichte, indem es für die Gesamtförderung an Carnallit und Bergkieserit
gegenüber 1910 eine Steigerung von 18,6 Mill. Doppelzentner brachte,
während die andere Gruppe sich mit einem Mehr von 6,9 Mill. begnügen
mußte.

Die Endlaugenfrage behielt also nach wie vor ihre Bedeutung und
verschärfte sich noch insoweit, als unter dem Schutze des Reichskaligesetzes zahlreiche neue Carnallitwerke entstanden.

Die Bestrebungen, der Endlaugen Herr zu werden, sie in irgend-
einer Weise nutzbar zu machen, sind nun keineswegs erst unter
dem Druck der Gegenwart entstanden. Im Gegenteil, die Kaliindustrie
empfand schon früh die Endlaugen, um mit Liebig zu reden, als ein
„Stoff am unrechten Ort“. Der erste durch Reichspatent geschützte Vorschlag stammt aus dem Jahre 1887 (Schliephake und Riemer, D. R.-P.
Nr. 43 922, Kl. 121, 4), also aus einer Zeit, wo die breite Öffentlichkeit
von der Schädlichkeit hoch konzentrierter Laugen noch nichts wußte.

Daß es daneben gelang, im Laufe der Jahre, teils gewollt, teils
ungewollt für die Endlauge einige Verwendungsmöglichkeiten zu finden,

vermochte an der Endlaugenfrage selbst nichts zu ändern, da das Angebot die Nachfrage stets bei weitem übertraf.

Und in der Tat sind wir heute trotz der mannigfachsten Bemühungen und Fortschritte noch nicht wesentlich dem Ziele nähergekommen.

Unsere Aufgabe besteht also zunächst darin, unter Aufstellung allgemeiner Gesichtspunkte die gemachten Vorschläge zur Beseitigung oder Nutzbarmachung der Endlauge einer kritischen Prüfung zu unterziehen. In einem weiteren Abschnitte würde dann die unmittelbare und mittelbare Verwendung der Endlauge in der Gegenwart zu behandeln sein, während dem dritten und letzten Abschnitt die Frage verbleibt, welcher Teil der Endlaugen durch die bisher bekannten Verwendungszwecke in Anspruch genommen wird, und ob die Möglichkeit besteht, in absehbarer Zeit sämtliche Endlaugen nutzbar zu machen, sei es zu schon bekannten Zwecken allein oder zu neuen.

Der Schluß würde endlich gegebenenfalls Vorschläge zu bringen haben, ob und wie der Verbrauch an Endlauge zu den mannigfachsten Zwecken über das bisherige Maß hinaus künstlich gefördert werden könnte.

I. Die Verarbeitung der Kali-Endlauge.

A. Allgemeine Gesichtspunkte bei der Verarbeitung der Endlauge.

Die Verarbeitung der Endlaugen bildet bekanntlich[1]) den Gegenstand einer schon gegenwärtig nicht unbedeutenden Anzahl von Patenten. Aber keines von ihnen hat gehalten, was es versprochen, und außer dem Verfahren von v. Alten und dem von Prof. Mehner ist m. W. nicht einem der Erfolg beschieden gewesen, überhaupt eines größeren Versuches für wert erachtet zu werden.

Und trotzdem darf man nicht gering von der Arbeit denken, die im Laufe der Zeit in jenen Vorschlägen zum Niederschlag gekommen ist. Denn ihr Mißerfolg zeigt uns nunmehr, daß wir in anderer Richtung als bisher dem Problem näher zu kommen versuchen müssen, wenn wir nicht in Form eines leicht hingeworfenen „unmöglich" oder „zu teuer" überhaupt auf eine Lösung verzichten wollen. Auch ein Mißerfolg bringt oft genug vorwärts.

Aber worin liegt denn nun die Ursache des Mißlingens? Unstreitig ist dieses darauf zurückzuführen, daß sich die Erfinder in den meisten Fällen nicht entfernt auch nur hinreichend mit den grundlegenden Fragen des Bergwerksbetriebes, der Wirtschaftlichkeit usw. vertraut gemacht hatten.

---

[1]) Vergl. C. L. Riemer, Die patentierten Verfahren zur Beseitigung der Endlaugen der Kaliindustrie. Zeitschr. Kali 1911, Nr. 17.

Bevor wir also an eine Kritik der einzelnen Vorschläge herantreten, wollen wir das Versäumte nachholen. Was wir hierbei zuerst an Zeit zusetzen, gewinnen wir bei der Besprechung der einzelnen Verfahren wieder. Dabei erlangen wir aber zugleich einen Überblick über die ganze Frage, der uns für die Auffindung neuer Wege und sonstiger Möglichkeiten von nicht zu unterschätzender Bedeutung sein muß.

Wie eingangs schon erwähnt, hier sei noch einmal darauf verwiesen, berührt die Endlaugenfrage in erster Linie nur die Carnallitwerke, die bei der Sulfatfabrikation der Hartsalzwerke fallenden chlormagnesiumhaltigen Laugen treten dagegen der Menge nach ganz zurück.

Wir haben daher von den Carnallitwerken auszugehen. Der Durchschnittsgehalt sämtlicher Lagerstätten kann mit $10\,^0/_0\ K_2O$ entsprechend rund $15{,}85\,^0/_0\ KCl$ angesetzt werden. Bei einem spez. Gewicht von 2 enthält also 1 cbm anstehenden Salzes, sei es Hauptsalz usw., rund 2 dz K_2O.

Die Rente auf den Kubikmeter anstehenden Salzes. Die Rente, die nun der Kalibergbau abwirft, ist nicht bedeutend. Nach der Reichsstatistik verzinste sich das in den Aktiengesellschaften angelegte dividendenbeziehende Kapital in den Jahren 1909/10 und 1910/11 mit 8,12 bezw. $8{,}34\,^0/_0$[1]). Bei der Bedeutung, welche die Aktiengesellschaften im Kalibergbau besitzen, dürfen wir daher, ohne Gefahr zu laufen, einen allzu großen Fehler zu begehen, für den gesamten Kalibergbau den gleichen Satz von rund $8\,^0/_0$ annehmen.

Gehen wir nun von diesem Wert aus, so folgt unter Zugrundelegung des Jahres 1911 mit rund 100 Werken bei einem Gesamtabsatz von rund 10 Mill. Doppelzentner K_2O und einem Kapitalaufwand von rund 5—6 Mill. Mark für das einzelne Werk, daß im großen ganzen die durchschnittliche Rente einer voll im Betriebe befindlichen Anlage auf den Doppelzentner K_2O kaum $\dfrac{6\,000\,000\,.\,8}{100\,.\,100\,000} = 5$ M. übersteigen dürfte. Auf den Kubikmeter anstehenden Salzes bezw. zu versetzenden Raumes entfallen mithin im Durchschnitt z. Z. etwa 10 M.

Ungefähr der gleiche Wert ergibt sich im übrigen auch noch auf andere Weise. Nach Krische (Zeitschr. Kali 1910, S. 530) betrug vor dem Inkrafttreten des Reichskaligesetzes der Wert von 1 dz K_2O rund 17 M. Durch das genannte Gesetz sind die Preise der ersten drei Gruppen bekanntlich um rund $10\,^0/_0$ ermässigt worden. Man darf daher jetzt den Wert eines Doppelzentners K_2O zu etwa 15,30—15,50 M. annehmen. In Anbetracht nun, daß der Mehrabsatz mit dem Hinzutreten neuer Werke nicht mehr Schritt hält, muß der Anteil der Selbstkosten an dem Verkaufserlös steigen. Dieser dürfte aber jetzt schon in den meisten Fällen 65—$70\,^0/_0$ betragen, woraus folgt, daß der Reingewinn auf den Doppelzentner K_2O: $\dfrac{15{,}30\,(100 - 65)}{100} = 5{,}25$ M., also ebenfalls rund 5 M. beträgt.

---

[1]) Für das gesamte dividendenberechtigte Kapital ergaben sich sogar nur 4,13 und $5{,}30\,^0/_0$.

Dieser Satz gilt natürlich jedoch nur so lange, als nicht die auf eine Anlage entfallende Förderziffer weiter sinkt, wie es ja z. Z. aber tatsächlich der Fall ist. Überdies ist noch zu bedenken, daß dieser Satz nur von solchen Werken erreicht oder überschritten wird, welche durch Quotenankäufe usw. ihre Anlagen in vollstem Maße auszunutzen in der Lage sind. Viele andere dagegen bleiben, und zum Teil recht erheblich, hinter dem genannten Satze zurück, und zu diesen gehören namentlich die Carnallitwerke.

An Endlaugen fallen nun, wiederum nur im großen Durchschnitt genommen, auf 1000 dz Carnallit 50 cbm Endlaugen. Da nun 1 cbm anstehenden Salzes 20 dz wiegt, so heißt dieses nichts anderes, als daß auf 1 cbm anstehenden Salzes 1 cbm Endlauge entsteht.

Maximaler Kostenbetrag eines Verfahrens, das die Beseitigung der Endlaugen zum Ziele hat. Hieraus ergibt sich endlich, daß ein Bergbau in wirtschaftlicher Hinsicht überhaupt nicht möglich ist, wenn die Kosten für die Beseitigung der Endlaugen 10 M. für den Kubikmeter übersteigen. Ein Verfahren, das nicht von vornherein als gänzlich aussichtslos beiseite geschoben sein will, muß daher ganz erheblich hinter dem genannten Satze zurückbleiben, ja darf in Rücksicht auf den landesüblichen Zinsfuß von 4 $^0/_0$, der Gefahr und dem Unternehmergewinn nicht einmal den Betrag von 5 M. erreichen. Insbesondere gilt dieses für die Carnallitwerke, welche sich zum großen Teile mit einem Reingewinn von 3 M. und noch weniger auf den Doppelzentner K_2O begnügen müssen.

Betrachten wir nun, was für einen Aufwand die Beseitigung des in einem Kubikmeter Endlauge enthaltenen Lösungswassers erfordert.

Die Zusammensetzung der Endlaugen. Bei einem spez. Gewicht von 1,32 enthält 1 cbm Endlauge rund

$$\begin{aligned}
320 \text{ kg } & MgCl_2, \\
32 \text{ „ } & MgSO_4, \\
16 \text{ „ } & KCl \text{ und} \\
\underline{10 \text{ „ } } & \underline{NaCl.}
\end{aligned}$$

Summe: 408 kg.

An Kristallwasser sind gemäß der Formel $MgCl_2 . 6H_2O$ rund 398 kg und an $MgSO_4$, entsprechend 7 Molekül Kristallwasser, 34 kg Wasser gebunden. An Lösungswasser sind mithin $1320 - 408 - 432 = 480$ kg vorhanden.

Allgemeines über die Beseitigung des Lösungswassers. Die Erfinder gehen nun bei der Beseitigung des Lösungswassers drei Wege:

Die einen beseitigen das Wasser durch Eindampfen, sei es, daß sog. Sechsersalz ($MgCl_2 . 6H_2O$), ein Magnesiumchlorid mit 6 Molekul Wasser, sei es, daß Vierersalz, ein Magnesiumchlorid mit 4 Molekul Wasser, fällt.

Die anderen binden das Wasser chemisch durch wasserfreie Körper, unter denen gebrannter Kalk an erster Stelle steht.

Die dritten endlich verwenden neben wasserbindenden Körpern noch andere Stoffe, welche imstande sind, als Aufsaugemasse zu dienen.

Allgemeines über den Energieaufwand beim Eindampfen. Beginnen wir mit der Eindampfung. Wie aus Tafel II zu ersehen, sind zur Verdampfung der 480 kg Lösungswasser rund 300 000 W.-E. aufzuwenden, wobei ein aus $MgCl_2 . 6 H_2O$, $MgSO_4 . 7 H_2O$, KCl und $NaCl$ bestehender Rückstand von 840 kg verbleibt.

Bei der Eindampfung und Herstellung von Vierersalz, $MgCl_2 . 4 H_2O$, steigt der Wärmeaufwand infolge der Überwindung der Hydratationswärme und der Mehrverdampfung von 2 Molekülen Kristallwasser aber auf 445 000 gleich rund 450 000 W.-E. pro Kubikmeter. Hierbei ergibt sich ein fester Rückstand von 678 kg.

Zu beachten ist jedoch, daß die zur Berechnung des Wärmeaufwandes verwendeten Zahlen für die Lösungswärme nur für verdünnte Lösungen Geltung besitzen, bei denen 1 g-Mol. des Salzes in 100 bezw. 200 und 400 g-Mol. Wasser gelöst ist, und daß die Bestimmungen bei 18° C. und Atmosphärendruck vorgenommen worden sind. Die in der Tafel angegebenen Zahlen besitzen also nur einen Vergleichswert, aus dem aber zur Genüge hervorgeht, daß der Wärmeaufwand mit der Beseitigung von Kristallwasser ganz unverhältnismäßig steigt.

Gehen wir nämlich vom Sechsersalz aus, so entfallen verlustlos auf 480 kg nicht gebundenes Wasser 300 000 Kal., also auf 1 kg: 623,33 Kal.

Beim Vierersalz beträgt der Aufwand auf das Kilogramm zu beseitigendes Wasser 450 000 : 642 = 701 Kal. und der Wärmeaufwand, welcher zur Beseitigung der 2 Moleküle Kristallwasser erforderlich ist, 150 000 : 162 = 926 Kal.

Es ist demnach kein Wunder, daß bei den gewöhnlichen Vakuumverdampfapparaten die Eindampfung zu Sechsersalz im double-effect nur etwa 0,9 kg Frischdampf von 6—8 Atm. erfordert, während die Erzeugung von Vierersalz bei einem dreimal so großen Dampfverbrauch nur im simple-effect zu erreichen ist. Wie stark sich übrigens die Zahlen für die Lösungswärme der Verbindung: $MgCl_2 . 6 H_2O$ mit den Temperaturen ändern, zeigt deutlich nach Landolt-Börnstein (Chemisch-physikalische Tabellen) die Gleichung:

$$Q = 2,82 + 0,0246 \, (t - 15) \text{ Kal.}$$

Dieser Gleichung gemäß steigt die Lösungswärme von 203 g $MgCl_2 . 6 H_2O$ von 2,82 Kal. bei 15° C. auf 5,28 Kal. bei 115° C.

Leider sind uns keine Untersuchungen bekannt geworden, welche die Veränderlichkeit der Lösungswärme nach Druck und Konzentration zum Gegenstand haben, so daß es zurzeit absolut unmöglich ist, den tatsächlichen Wärmeaufwand rechnerisch festzulegen.

Allerdings wollen wir nicht unterlassen darauf hinzuweisen, daß die Lösungswärme von $MgCl_2 . 6 H_2O$ bei 400 facher Verdünnung

2,95 Kal.[1]) beträgt, daß also die Lösungswärme mit der Konzentration abnimmt, und daß unter Zugrundelegung einer mittleren Lösungswärme von $\frac{2,82 + 5,28}{2} = 4,05$ der Wärmeaufwand zur Überwindung derselben von 10870 Kal. nur auf $\frac{4050 \cdot 748}{203} = 15000$ Kal. steigt.

Der in der Tafel angegebene Wärmeaufwand von 300000 Kal. für die Eindampfung der Endlauge zu Sechsersalz kann sich also von der Wirklichkeit nicht weit entfernen.

Leider können wir das Gleiche nicht vom Vierersalz aussagen. Hier dürfte der Aufwand nicht unerheblich größer sein. Doch reicht die ermittelte Zahl für unsere Betrachtungen aus.

Rechnet man nun mit den in der Tafel ermittelten Werten von 300000 bezw. 450000 Kal. auf den Kubikmeter Endlauge und legt einen Wärmepreis von 16 Pf. für 100000 Kal. zugrunde, entsprechend einem Preis von 4 M. die Tonne Braunkohlen zu 2500 Kal. frei Heizerstand oder 1,04 für die Tonne Dampf zu 650000 Kal., so betragen die reinen Brennstoffkosten für die Eindampfung eines Kubikmeters Endlauge:

$$\text{zu Sechsersalz} \quad \frac{300000 \cdot 16}{100000} = 48 \text{ Pf. und}$$

$$\text{zu Vierersalz} \quad \frac{450000 \cdot 16}{100000} = 72 \text{ Pf.}$$

Diese Sätze gründen sich jedoch nur auf den verlustlosen Wärmeübergang der Verdampfungsanlage. Um die tatsächlichen Werte zu erhalten, sind daher die gefundenen Zahlen noch durch den Wirkungsgrad der Anlage zu teilen. Darüber hinaus treten aber noch die Aufwendungen für die Löhne sowie die für Tilgung, Verzinsung und die Wiederherstellungsarbeiten hinzu.

Wie hoch sind diese nun zu veranschlagen?

Zur Eindampfung stehen zurzeit folgende Verfahren zur Verfügung.

Für Sechsersalz:

Die Eindampfung in Siedepfannen, ähnlich den in der Siedesalzbereitung benutzten, die Eindampfung in offenen Pfannen mit Flammenrohren, wie sie auf den Kaliwerken zur Darstellung geschmolzenen Chlormagnesiums in Anwendung stehen, ferner die Grainerpfanne und die Vakuum-Verdampfapparate.

Für Vierersalz sind zu nennen:

die üblichen Vakuum-Verdampfapparate und das Vakuumverfahren nach Prof. Mehner.

Der Energieaufwand beim Eindampfen zu Vierersalz. Verfahren nach Kumpfmüller-Sauerbrey. Beginnen wir mit den letztgenannten Verfahren: Die Verdampfung zu Vierersalz in den Apparaten von Kumpfmiller-Sauerbrey.

---

[1]) Nach Tafel II beträgt die Lösungswärme bei 200facher Verdünnung: 2,82

Die Verdampfung zu Vierersalz ist im Vakuum vorzunehmen, da bei Atmosphärendruck gleichzeitig mit der Abspaltung von Kristallwasser Salzsäure entsteht, welche zur Vermeidung von Flurschäden niedergeschlagen werden muß. Die Eindampfung geschieht bis zum Sechsersalz unter zweimaliger Ausnutzung des Brüdens (double-effect), während die Entferung der zwei Moleküle Kristallwasser nur im simple-effect zu erreichen ist.

Für die Beseitigung des Lösungswassers sind nach den im Großbetrieb erhaltenen Zahlen auf das Kilogramm etwa 0,9 kg Frischdampf von 6—8 Atm. und für die Entfernung des Kristallwassers auf die Gewichtseinheit 3 kg erforderlich.

Da nun, vergl. Tafel II, neben 480 kg Lösungswasser noch 162 kg Kristallwasser zu beseitigen sind, so beträgt der Dampfverbrauch für 150 cbm Endlauge 150 (480 . 0,9 + 162 . 3) = 153 000 kg, entsprechend einer Kesselheizfläche von rund 320 qm, wenn die Beanspruchung unter Verwendung von Wasserrohrkesseln pro Quadratmeter Heizfläche zu 20 kg und die Betriebsdauer zu 24 Stunden am Tage angenommen wird. Zum Ansatz gelangen 2 Wasserrohrkessel von je 180 qm zu insgesamt rund 50 000 M.

Der maschinelle Teil einer Vakuum-Verdampfanlage für 150 cbm Endlauge kann nun auf etwa 150 000 M. veranschlagt[1]) werden, wobei allerdings zu beachten ist, daß die Kosten vom Preis des Kupfers bestimmt werden. Außerdem entfallen auf Gebäude etwa 60 000 M. und auf die Kesselanlage etwa 50 000 M.

Rechnet man ferner mit einer Verzinsung von 5 $^0/_0$, einem Tilgungssatz von 10 $^0/_0$ für den maschinellen Teil einschließlich der Kesselanlage und 3 $^0/_0$ für den baulichen Teil, sowie mit Wiederherstellungskosten von 2,5 $^0/_0$ und 1 $^0/_0$ in Höhe des maschinellen bezw. baulichen Teiles, so ergeben sich die Betriebskosten bei einem Wirkungsgrad der Dampfkesselanlage zu 0,6 und mindestens 3 Mann Bedienung in der 12 stündigen Schicht wie folgt:

1. Verzinsung des Baukapitals:
　　150 000 + 60 000 + 50 000 = 260 000 M., bei 5 $^0/_0$ . . 　13 000 M.

2. Tilgung:
　　3 $^0/_0$ des baulichen Teiles: 60 000 . 0,03 . . . . . 　1800 „
　　10 $^0/_0$ des maschinellen Teiles der Anlage einschließlich
　　　Kesselanlage: 0,1 . 200 000 . . . . 　20 000 „

3. Wiederherstellungskosten:
　　1 $^0/_0$ des baulichen Teiles: 0,01 . 60 000 . . . . . 　600 „
　　2,5 $^0/_0$ des maschinellen Teiles: 0,025 . 200 000 . . . 　5000 „

4. Löhne:
　　Für 6 Mann zu 4 M. die 12 stündige Schicht: 6 . 4 . 300 　7200 „

　　　　　　　　　　　　　　　　　　　　zu übertragen: 　47 600 M.

---

[1]) Nach Mitteilung von der Firma Sauerbrey.

Übertrag: 47 600 M.

5. Brennstoffaufwand:

An Heizdampf sind erforderlich 153 000 . 300 kg = 45 900 t. Zum Betriebe der Pumpen usw. werden etwa 30 PS gebraucht zu 20 kg Dampf entsprechend 30 . 20 . 300 kg = 180 t.   1,04[1] . 0,6 = 1,73 M. für die Tonne Dampf angenommen, ergibt sich also ein Aufwand von 46 080 . 1,73 . . . .   80 000 „

Summe: 127 600 M.

Der tatsächliche Aufwand beträgt also etwa: $\dfrac{127\,600}{150 \cdot 300} = 2{,}84$ M. auf den Kubikmeter, erreicht also nahezu das Vierfache des rechnerisch ermittelten reinen Brennstoffaufwandes.

Überdies ist aber noch zu beachten, daß die Aufstellung in manchen Punkten eher zu günstig ist. Vor allem darf aber nicht außer acht gelassen werden, daß ein großer Teil der Werke nicht in der Lage ist, die Tonne Dampf für 1,73 M. herzustellen.

Verfahren von Prof. Mehner. Wir kommen nun zum Mehnerschen Vakuumverfahren[2]. Nach diesem Verfahren soll bekanntlich die Lauge am oberen Ende eines aufrechtstehenden, unter Vakuum gehaltenen Kessels von geeigneten Abmessungen in Form eines feinen Sprühregens eingeführt werden, während zu gleicher Zeit die äußeren Kesselwandungen von den Rauchgasen der bestehenden Kesselanlage geheizt werden. Ohne die Kesselwandungen zu berühren, sollen die einzelnen Tropfen den Kesselraum durchmessen und dabei durch Strahlung seitens der Kesselwände soviel Wärme erhalten, daß auf den Boden nur noch auskristallisiertes Vierersalz zu finden ist.

Wie an anderer Stelle schon ausgeführt (Techn. Blätter, Wochenbeilage der deutschen Bergwerkszeitung, Jahrg. II, Nr. 46) führt zwar das Verfahren zum Ziel, wenn auch nicht auf Grund der durch Strahlung übergehenden Wärme allein, sondern nur mit Hilfe der Leitung und Konvektion. Doch haften dem Vorschlage eine Reihe technischer Bedenken an, wie der Einbau der unförmigen Zylinder in den Fuchs und die hohen Temperaturen der Rauchgase, welche den Einbau von Überhitzern nicht zulassen und die um so höher sein müssen, je kleiner die Zylinder ausfallen. Namentlich erscheint es aber untunlich, die Kesselanlage mit einer solchen Aufgabe zu belasten. Kommt man aber schon aus diesen Gründen allein dahin, von der Ausführung des Vorschlages Abstand zu nehmen, so spricht auch noch gegen das Verfahren die Erkenntnis, daß man auch einen festen Versatz mit Sechsersalz erzielt, wenn man dieses beim Er-

---

[1] Vergl. S. 8.
[2] Vergl. auch Zeitschr. Kali 1912, Heft 3.

starren aus dem Schmelzfluß in Form von Körnern oder Schuppen über-führt, die ein bequemes Versetzen gestatten.

Was die Kosten des Mehnerschen Verfahrens anbetrifft, so gilt natürlich hinsichtlich des Brennstoffaufwandes im großen ganzen der gleiche Satz wie bei dem ersten Verfahren. Wenigstens ist es für die Beurteilung des Verfahrens im ganzen ohne besondere Bedeutung, ob der Wirkungsgrad etwas größer ist, als er dem Preise von 1,73 M. für die Tonne Dampf entspricht.

Die Kosten der Vorrichtungen dagegen könnten wohl etwas geringer angenommen werden und dürften 260 000 M. auch selbst dann kaum er-reichen, wenn sie unabhängig von der bestehenden Kesselanlage zur Ausführung gebracht werden würden. Im Hinblick darauf aber, daß zum Zweck der Beseitigung der Endlauge kaum jemals Vierersalz gewonnen werden dürfte, erübrigt sich wohl ein näheres Eingehen auf die Frage der Anlagekosten.

Der Energieaufwand beim Eindampfen zu Sechsersalz. Die Siedesalzpfanne. Wir kommen nun zu den Verfahren, welche zur Er-Erzeugung des Sechsersalzes zur Verfügung stehen.

Da wäre zunächst als das einfachste Verfahren die Eindampfung in Pfannen zu nennen, wie sie bei der Siedesalzbereitung in Anwendung stehen. Auf 1 qm solcher Pfannen mit unterschlächtiger Feuerung werden in 24 Stunden im Durchschnitt etwa 270 kg Wasser verdampft. Berück-sichtigt man jedoch, daß Pfannenstein in nennenswerter Menge beim Ein-dampfen von Endlauge nicht enststeht, so darf man wohl 300 kg auf den Quadratmeter als angemessen bezeichnen. Bei 150 cbm Endlauge entsprechend 150.480 kg Lösungswasser (vergl. Tafel II) wären also $\frac{150.480}{300} = 240$ qm und einschließlich einer Reserve von $33^1/_3\,^0/_0$ rund 360 qm erforderlich. Demgemäß sind drei Pfannen von je 120 qm anzu-legen, welche in einem Siedehause untergebracht, einen Anlagewert von etwa 50 000 M. darstellen. Von dieser Summe, in welcher nur die Anlagen Berücksichtigung gefunden haben, welche zum Eindampfen erforderlich sind — die Kosten für die Trockenpfanne der Siedesalzaufbereitung usw. sind also nicht enthalten —, entfallen etwa 22 000 M. auf die Pfannen-fläche nebst Zubehör, 5000 M. auf die Feuerungen und 23 000 M. auf die Gebäude. Für Verzinsung, Tilgung und Wiederherstellungskosten gelten dieselben Werte wie bisher.

Der thermische Wirkungsgrad solcher Feuerungen schwankt nun zwischen 0,5 und 0,6; wir wählen daher 0,55.

Zur Bedienung dürften 3 Mann für die Nacht- und Tagschicht ausreichend sein.

Hieraus ergeben sich die Betriebskosten wie folgt:

1. Verzinsung des Anlagewertes:

    5 $^0/_0$ von 50 000 M. . . . . 2 500 **M.**

2. Tilgung:

    3 $^0/_0$ des baulichen Teiles: 0,03 . 23 000 . . . . . . 690 „

    10 $^0/_0$ des maschinellen Teiles, Pfanne und Feuerung:

    0,1 . 27 000 . . . . 2 700 „

3. Wiederherstellungskosten:

    1 $^0/_0$ des baulichen Teiles: 0,01 . 23 000 . . . . . 230 „

    2,5 $^0/_0$ des maschinellen Teiles, Pfanne und Feuerung:

    0,025 . 27 000 . . . . 675 „

4. Löhne:

    2 . 3 Mann zu 4 M. pro Schicht, im Jahre also 6 . 4 . 300 = 7 200 „

5. Brennstoffaufwand:

    1 cbm einzudampfen erfordert nach Seite 8 verlustlos
    48 Pf.; mithin ergeben sich für 150 . 300 cbm bei

    einem Wirkungsgrad von 0,55: $\dfrac{150 . 300 . 0,48}{0,55}$ = 40 000 „

Summe: 53 995 M.

Die Aufwendungen auf den Kubikmeter Endlauge ergeben sich mithin zu $\dfrac{54\,000}{150 . 300}$ = rund 1,20 M., betragen also das Zweiundeinhalb-fache des theoretisch ermittelten verlustlosen Brennstoffaufwandes.

Grainerpfanne. Wir kommen nun zu den Grainerpfannen. Die Eigenart der Grainerpfannen besteht darin, dass zur Einengung von Salzlösungen als Wärmeträger Dampf verwendet wird, der in einem System von Röhren durch die Lösung hindurchgeführt wird und sich hierbei unter Wärmeabgabe niederschlägt. Das Kondensat wird dem Kessel wieder zugeführt. Die Pfannen bestehen aus verschiedenem Material: Holz, Beton, Eisen usw. Die Röhren liegen zumeist über dem Boden, gelegentlich aber auch im Boden versenkt (Patent Eggestorff, D.R.P. Nr. 14 782).

Die Pfannen haben vorzugsweise dort Anwendung gefunden, wo große nicht weiter dynamisch zu nutzende Abdampfmengen zur Verfügung standen, wodurch es ermöglicht wurde, an sich nicht sudwürdige Solen auf Speisesalz zu verarbeiten.

Nun läßt sich allerdings die Chlormagnesiumlauge mit gesättigtem Dampf von atmosphärischer Spannung nicht eindampfen. Das Lösungs-wasser ist erst völlig beseitigt, wenn das spez. Gewicht der Flüssigkeit auf 1,435 gestiegen ist und die Temperatur 157 ^{0} C. beträgt. Doch steht der Anwendung hochgespannten Dampfes von 7—8 Atm. Überdruck mit einer Sattdampftemperatur von 171,49—176,58 ^{0} C. nichts entgegen. Im Gegenteil, eine solche Anlage muß vom wärmewirtschaftlichen Standpunkt aus noch immer mit einem wesentlich besseren thermischen Wirkungsgrad arbeiten als die Pfannen mit direkter Beheizung, da nicht nur mit dem

Kondensat die ganze Flüssigkeitswärme mit etwa 170 Kal. wieder gewonnen wird, sondern auch eine Verminderung der Wärmeverluste durch Strahlung und Leitung sich hier wesentlich leichter erreichen läßt. Ferner ist zu beachten, daß sich bei einer gleichmäßigen Beheizung der Pfannen erhebliche Ersparnisse an Wiederherstellungsarbeiten ergeben müssen, denen infolge der Wiederverwendung des Kondensates gleich hohe Kosten für die Kesselreinigung nicht gegenüberstehen.

Doch ist auf der anderen Seite nicht zu verkennen, daß bei dem geringen Temperaturgefälle zwischen der eingedickten Lauge und dem gesättigten Dampf mit einer Verdampfung von 300 kg auf den Quadratmeter Pfannenoberfläche nicht gerechnet werden kann. Allerdings dürfte sich das Weniger, wenn nicht ganz, so doch zum Teil wieder durch die unseres Wissens für Grainerpfannen noch nicht in Vorschlag gebrachte Heizung mit niedrig gespanntem Dampf bei hoher Überhitzung ausgleichen lassen.

Folgen wir jedoch den durch Erfahrung festgestellten Werten. Nach einer von der Firma Paßberg-Berlin gegebenen Mitteilung darf man für die Bereitung von Siedesalz mit einer Leistung von 190 kg auf den Quadratmeter und 24 Stunden rechnen. Diesen Wert auf die Endlaugen übernommen — das Temperaturgefälle ist in beiden Fällen nahezu gleich — ergibt bei 150 . 480 kg Lösungswasser und bei Rückstellung von $33^1/_3\,{}^0/_0$ eine Pfannenoberfläche von $\dfrac{4 \cdot 150 \cdot 480}{3 \cdot 190} = $ rund 480 qm. Da nun ein Quadratmeter Pfannenoberfläche (Verdunstungsoberfläche) im großen ganzen 190 M. erfordert, so stellen die Pfannen allein einen Wert von rund 90 000 M. dar. Hierzu kommen die Kosten für die Gebäude, welche mit etwa 35 000 M. veranschlagt werden können, und die Aufwendungen für die Kesselanlage.

Da nun bei der Grainerpfanne nur die Verdampfungswärme des Dampfes nutzbar gemacht wird, und das Kondensat auf dem kürzesten Wege wieder dem Kessel zugeführt wird, so kann einerseits die Beanspruchung auf den Quadratmeter der Kesselheizfläche größer als üblich angenommen werden, während andererseits auf ein Kilogramm Lösungswasser eine entsprechend größere Dampfmenge entfällt. Gehen wir z. B. von Dampf mit 8 Atm. Überdruck aus, so steht bei einer Temperatur des Kondensats von 176° C. zur Heizung eine Wärmemenge von rund 483 Kal. pro Kilogramm Dampf zur Verfügung, während die Beseitigung von 1 kg Lösungswasser 623 Kal. erfordert. Auf 1 kg Lösungswasser kommen mithin verlustlos 623 : 483 = 1,3 kg Dampf oder einschließlich der mannigfachsten Abgänge etwa 1,35 kg. Die Heizfläche ergibt sich demnach, wenn wir unter Zugrundelegung eines Wasserrohrkessels statt 20 kg 24 kg auf den Quadratmeter Heizfläche annehmen, zu:

$$F = \frac{150 \cdot 480 \cdot 1{,}35}{24 \cdot 24} = 170 \text{ oder rund } 200 \text{ qm.}$$

Die Kesselanlage stellt also etwa einen Anlagewert von 30 000 M. dar.

Kann nun aber die Beanspruchung auf den Quadratmeter Heizfläche größer als üblich angenommen werden, so müssen auch die Kosten einer Tonne Dampf entsprechend geringer ausfallen. Geht jene also um $^1/_5$ herauf, so gehen diese um $^1/_5$ zurück. Für die Tonne Dampf können wir hier also bei einem Wirkungsgrad der Dampfkesselanlage von 0,6 einen Wert von nur $\frac{1,04-0,21}{0,6} = \frac{0,83}{0,6} =$ rund 1,35 M. einsetzen.

Für die Bedienung müssen hier wie bei den anderen Verfahren 3 Mann in jeder Schicht angenommen werden.

Die Betriebskosten stellen sich demnach wie folgt:

1. Verzinsung der Anlagekosten:

$5\,^0/_0$ für Gebäude, Pfannenfläche und Kessel:

$(35\,000 + 90\,000 + 30\,000) . 0,05$ . . . . 7 750 M.

2. Tilgung:

Gebäude $3\,^0/_0$, Pfannen und Kessel $10\,^0/_0$: $35\,000 . 0,03 +$

$120\,000 . 0,01$ . . . . 13 050 „

3. Wiederherstellungskosten:

Gebäude $1\,^0/_0$, Pfannen und Kessel $2,5\,^0/_0$: $35\,000 . 0,01 +$

$120\,000 . 0,025$ . . . . 3 350 „

4. Löhne:

Für 2.3 Mann zu 4 M. die Schicht: $2 . 3 . 4 . 300$ . . 7 200 „

5. Brennstoffaufwand:

Für $150 . 300 . 480 . 1,35$ kg Dampf $\dfrac{150 . 480 . 1,35^2 . 300}{1000} =$ 39 200 M.

Summe: 70 550 M.

Die Eindampfung von einem Kubikmeter Endlauge erfordert also in der Grainerpfanne $\dfrac{70\,000}{45\,000} = 1,56$ M., vorausgesetzt, daß auch hier, wie bei der Siedesalzbereitung nur mit einer Verdampfung von 190 kg auf den Quadratmeter Pfannenoberfläche gerechnet werden kann.

Die Kofferpfanne. Weiterhin kommt die auf den Kaliwerken übliche Verdampfung in offenen Kesseln mit Flammenrohren in Frage. Diese Pfannen besitzen eine kofferähnliche Gestalt und fassen 60 cbm. Durch Verdunsten des Lösungswassers vermögen sie nach und nach 100 cbm aufzunehmen. Das Eindampfen nimmt in diesen Pfannen etwa 2 Tage in Anspruch, so daß zur Einengung von 150 cbm pro Tag $150 : 50 = 3$ Pfannen erforderlich sind. Einschließlich einer Reserve von $33^1/_3\,^0/_0$ sind also 4 Pfannen zur Aufstellung zu bringen, welche einschließlich Mauerung, Feuerung, selbsttätiger Beschickung usw. einen Wert von etwa 60 000 M. darstellen dürften. Hierzu kommt das Gebäude, für welches bei der geringen Grundfläche 15 000 M. angemessen sein dürften.

Da die Pfannen den Dampfkesseln durchaus ähneln, sie sind nur nach oben offen, auch die Feuergase ebenso geführt werden, so kann hier wie dort mit einem Wirkungsgrad von rund 0,6 für Braunkohle gerechnet werden. Demgemäß ergibt sich ein Brennstoffaufwand (vergl. S. 8) von

$$\frac{300 \cdot 150 \cdot 0{,}48}{0{,}6} = 36\,000 \text{ M.}$$

Rechnet man ferner auch hier mit 3 Mann für die Schicht, so stellen sich die Betriebskosten wie folgt:

1. Verzinsung:
   5 % für Pfannen und Gebäude: $(60\,000 + 15\,000) \cdot 0{,}05$.   3 550 M.
2. Tilgung:
   3 % für Gebäude und 10 % für die Pfannen:
   $15\,000 \cdot 0{,}03 + 60\,000 \cdot 0{,}1$ . . . .   6 450 „
3. Wiederherstellungskosten:
   1 % für Gebäude und 2,5 % für die Pfannen:
   $15\,000 \cdot 0{,}01 + 60\,000 \cdot 0{,}025$ . . . .   1 650 „
4. Löhne:
   2.3 Mann zu 4 M. die zwölfstündige Schicht: $2 \cdot 3 \cdot 4 \cdot 300$ 7 200 „
5. Brennstoffaufwand (vergl. oben) . . . .   36 000 „

Summe: 54 850 M.

Das Eindampfen von einem Kubikmeter Endlauge kostet hiernach

$$\text{rund } \frac{55\,000}{150 \cdot 300} = 1{,}22 \text{ M.}$$

Das Vakuumverfahren. Es verbleibt nun noch die Vakuumverdampfung. Nach den in der Großindustrie erhaltenen Zahlen sind auf das Kilogramm Lösungswasser, das theoretisch 623 Kal. erfordert, 0,9 kg Frischdampf von 8 Atm. mit einem Wärmeinhalt von 658 Kal. bei Ausnutzung im double-effect notwendig. Es ist also ein Wasserrohrkessel von

$$\frac{150 \cdot 480 \cdot 0{,}9}{20 \cdot 24} = \text{rund } 180 \text{ qm Heizfläche zur Aufstellung zu bringen.}$$

Dazu kommt noch die Heizfläche für 30 PS, welche zum Betriebe der Pumpen usw. nötig sind. Im ganzen sind also rund 200 qm erforderlich, für welche ein Anlagewert von 30 000 M. wie bisher in Ansatz gebracht wird.

Für Gebäude sind erforderlich etwa 50 000 M.[1]) und für die maschinellen Einrichtungen 80 000 M.

Rechnet man auch hier wie bisher mit je 3 Mann in der zwölfstündigen Schicht und einem Wirkungsgrad der Dampfkesselanlage von 0,6, so ergeben sich folgende Betriebsausgaben:

1. Verzinsung:
   5 % für Gebäude, Kessel und Maschinen:
   $(50\,000 + 30\,000 + 80\,000) \cdot 0{,}05$ . . . .   8 000 M.
2. Tilgung:
   3 % für Gebäude und 10 % für die Maschinen,
   $30\,000 \cdot 0{,}03 + 110\,000 \cdot 0{,}1 = 900 + 11\,000$ . . . . .   11 900 „

zu übertragen: 19 900 M.

---

[1]) Die Angaben sind nach Mitteilungen der Maschinenfabrik Sauerbrey-Staßfurt zusammengestellt.

Übertrag: 19 900 M.

3. Wiederherstellungsarbeiten:

    1 bezw. 2,5 $^0/_0$: $30\,000 \cdot 0{,}01 + 11\,000 \cdot 0{,}025$ . . . .   3050 „

4. Löhne:

    2 . 3 Mann zu 4 M. die Schicht: $2 \cdot 3 \cdot 4 \cdot 300$ . . .   7200 „

5. Brennstoffaufwand:

    für $150 \cdot 480 \cdot 300$ kg Lösungswasser oder $150 \cdot 300$ cbm:

$$\frac{150 \cdot 300 \cdot 0{,}48}{0{,}6} \quad \cdots \cdots \cdots \cdots \cdots \quad 36\,000 \text{ „}$$

Summe: 66 150 M.

Das heißt, 1 cbm Endlauge erfordert zur Einengung im Vakuumverfahren

$$\frac{66\,000}{150 \cdot 300} = \text{rund } 1{,}47 \text{ M.}$$

Vergleich der einzelnen Verfahren. Von den genannten Verfahren steht nun das in offenen Pfannen mit Flammenrohren, und zwar zur Herstellung geschmolzenen oder kristallisierten, gewerblichen Zwecken dienenden Magnesiumchlorids, auf einzelnen Werken schon seit Jahren in Anwendung. Von den anderen dagegen ist bisher noch keines in größerem Maßstabe erprobt worden, und insofern dürfte es gewagt erscheinen, aus einer Gegenüberstellung Schlüsse ziehen zu wollen, die sich nur auf überschlägig ermittelte Werte gründet. Aber demgegenüber ist darauf hinzuweisen, daß sich jeder Fehler hinsichtlich der Schätzung der Anlagekosten doch nur in einem Bruchteil bemerkbar macht, der dem für Verzinsung, Tilgung und Wiederherstellungskosten gewählten Satze entspricht und in unserem Falle etwa $100 : 17{,}5 = {}^1/_6$ beträgt.

Und nun vergleiche man, was 10 000 M. mehr oder weniger für einen Einfluß auf die Endsumme ausüben, wo die Brennstoffkosten neben dem thermischen Wirkungsgrad der Verdampfungsanlage in erster Linie bestimmend sind.

Doch was zeigen nun die Zahlen? Sie zeigen, daß die Endsummen, noch weniger aber die Brennstoffkosten in den einzelnen Fällen keineswegs stark voneinander abweichen. Das größte Ausmaß beträgt für die Endsummen nur $1{,}56 - 1{,}20 = 0{,}36$ Pf.; bei 45 000 cbm im Jahr macht das also nur 16 000 M. aus, ein Betrag, den man zwar gerne mitnimmt, der aber im Haushalt eines Kaliwerkes für sich allein nicht viel besagt. Daß dieses größte Ausmaß aber gerade die Grainerpfanne traf, kann ja nicht weiter verwundern, wurde doch gleich darauf hingewiesen, daß sie sich hauptsächlich dort bewährt hat, wo es galt, große Mengen Abdampf weiter zu verwerten. Anders ist es jedoch bei der Vakuumverdampfung, welche als besonderen Vorzug für sich in Anspruch nimmt, eine doppelte Ausnutzung der zugeführten Wärme zu gestatten, und doch mit 1,47 M. auf den Kubikmeter Endlauge den zurzeit höchsten Satz zeigt. Wir sehen zwar, daß die Brennstoffkosten für das Vakuumverfahren mit 36 000 M. den niedrigsten Satz besitzen, aber diese Ersparnis ist nicht entfernt groß genug, um den Mehraufwand an Tilgung, Verzinsung und Wiederherstellungskosten auszugleichen. Es kann nun allerdings scheinen, als wenn in Hinblick auf diese die anderen Verfahren zu günstig hingestellt worden sind, daß also die dort gewählten Sätze zu niedrig bemessen wurden. Demgegenüber muß aber darauf hingewiesen werden, daß bei der Verwendung von Dampf als Wärmeträger zu den Verlusten der Kesselanlage noch die Wärmeverluste in der Leitung hinzukommen, und daß in den Vorfeuerungen nur selten mehr als 60 $\%$ der in dem Brennstoff steckenden Energie nutzbar gemacht wird. Will also die Vakuumanlage bei dem angenommenen Wärmepreis von 16 Pf. mit den anderen älteren Verfahren, wie z. B. den Siedesalzpfannen in Wettbewerb treten, so muß die Brennstoffersparnis: $(40\,000 - 36\,000) + 66\,150 - 53\,995 =$ rund $16\,000$ M. betragen. Oder was gleichbedeutend ist, die Siedesalzpfanne müßte einen um $16\,000$ M. größeren Brennstoffverbrauch aufweisen. D. h. aber nichts anderes, als daß der Wirkungsgrad bei dieser nicht mit 55 $\%$, sondern gar nur zu

$$x = \frac{150 \cdot 300 \cdot 0{,}48}{40\,000 + 16\,000} = \frac{21\,600}{56\,000} = 33\,\%$$

in Ansatz gebracht werden dürfte, was aber mit den Tatsachen in direktem Widerspruch steht. Anders ist es natürlich, wenn der Wärmepreis infolge langer Eisenbahnwege höher, vielleicht auf das Doppelte oder gar Dreifache angesetzt werden muß, entsprechend einem Gestehungspreis von etwa 3—4 M. für die Tonne Dampf. Dann spielt natürlich die mehrfache Ausnutzung des Brüdens und die dadurch erzielte Brennstoffersparnis eine wesentlich größere Rolle und kann, abgesehen von sonstigen Gesichtspunkten, wie Raummangel, hochwertiger Brennstoff usw., dazu führen, einer in der Anlage teueren Einrichtung den Vorzug zu geben. Von einer unbedingten wirtschaftlichen Überlegenheit der Vakuumverdampfung kann aber nicht die Rede sein.

Und ähnlich ist es mit der Grainerpfanne. Auch hier sind die Anlagekosten so hoch, daß sie trotz der sonstigen Vorteile nicht in Betracht kommt, wenn der Heizdampf erst erzeugt werden muß. Doch zeigt eine kleine Berechnung, daß sie sehr wohl neben den anderen bestehen kann, sobald Abdampf und wenn auch nur in bescheidenen Mengen zur Verfügung steht. Da nämlich das Mehr bei der Grainerpfanne gegenüber der Siedesalzpfanne $1{,}56 - 1{,}20 = 0{,}36$ M. auf den Kubikmeter Endlauge beträgt, so würde ein völliger Ausgleich erreicht sein, wenn bei einem Preise von $1{,}35$ M. für die Tonne Frischdampf und $45\,000$ cbm Endlauge im Jahr in der Stunde $\dfrac{(1{,}56 - 1{,}20) \cdot 45\,000}{1{,}35 \cdot 300 \cdot 24} = \dfrac{0{,}4}{0{,}24} =$ rund 2 t Abdampf zur Verfügung ständen, eine Bedingung, die überall gegeben sein dürfte. Allerdings setzt dieses voraus, daß der zur Verwendung kommende Frischdampf von geringer Spannung in hohem Grade überhitzt ist. Aber außer dem Vorteil, der sich aus der Verwendung von Abdampf zu Heizzwecken ergibt, könnte man auch infolge des höheren Temperaturgefälles mit einer kleineren Pfannenfläche auskommen, und nicht zu vergessen, auch erhebliche Ersparnisse bei der Kesselanlage selbst erzielen.

Eindampfung durch unmittelbare Berührung mit den Feuergasen. Aber trotz alledem, bei dem Satz von rund 1,20 M. für das Kubikmeter Endlauge dürfen wir uns noch keineswegs beruhigen.

Schon in der Beilage der Deutschen Bergwerkszeitung, den „Technischen Blättern", hatte der Verfasser gelegentlich einer kritischen Besprechung des Mehnerschen Endlaugen-Verdampfverfahrens mittels strahlender Wärme darauf hingewiesen, daß auch die direkte Berührung von Heizgasen mit der Lauge für die Verfestigung der Endlaugen in Frage kommt.

Inzwischen hat sich aber ergeben, daß der Gedanke an sich keineswegs neu ist, und daß man bei einer direkten Berührung von Endlauge und Feuergase mit einem Wirkungsgrad der Verdampfanlage von 90 $^0/_0$ und mehr rechnen kann. Die Ersparnisse, die sich hieraus an Brennstoff ergeben, leuchten ohne weiteres ein. Die Schwierigkeit bestand aber bisher nur darin, die Zuführung von Wärme einerseits und Endlauge andererseits so zu regeln, daß eine völlige Entfernung des Lösungswassers erreicht wurde, ohne daß zu gleicher Zeit Chlor oder Salzsäure entstand. Der Schwierigkeit ist man aber auf verschiedenem Wege Herr geworden. So wird von einer Seite vorgeschlagen, die Endlauge in Gestalt eines Springbrunnens in die Verbrennungsgase einzusprühen. Für vorteilhafter halten wir jedoch, die Endlauge an der Decke eines z. B. mit Topfscher Schüttfeuerung ausgerüsteten Flammenofens über den ganzen freien Querschnitt verteilt einzuführen, wobei die Lauge über treppenartig übereinander angeordneten Stufen, die selbst wieder mehr oder weniger geneigt werden können, auf die Sohle des Ofens herniederrieselt. Da bei jeder Stufe die Fallbewegung wieder aufgehoben wird, so hat man es durch entsprechende Neigung der Stufen in der Hand, die Einwirkung der Feuergase auf die Lauge zu verlängern oder zu verkürzen.

Doch welchen Kostenaufwand dürfte eine solche Anlage erfordern? Bei einem Wirkungsgrad von 0,9, einem Heizwert des Brennstoffes von 2500 Kal. und einer Rostbeanspruchung von 150 kg auf den Quadratmeter hat die Rostfläche $\dfrac{150 \cdot 300\,000^1)}{0,9 \cdot 2500 \cdot 24 \cdot 150} =$ rund 6 qm zu betragen. Geben wir dem Flammenofen im Lichten eine Breite von 3000 mm, eine Länge von 5000 mm und eine Höhe von 1500—2000 mm, so kostet die ganze Anlage einschließlich Feuerung etwa 7000 M. Einschließlich eines zweiten Ofens für den Notbehelf und 6000 M. für Gebäude können also die Anlagekosten auf 20000 M. veranschlagt werden.

Hieraus ergeben sich die Betriebskosten wie folgt:

---

[1]) Wärmeaufwand in Kalorien auf 1 cbm Endlauge.

1. Verzinsung:

Insgesamt $5\,^0/_0$: $20\,000 \cdot 0,05$ . . . .   1000 M.

2. Tilgung:

Gebäude $3\,^0/_0$, Ofenanlage $10\,^0/_0$: $6000 \cdot 0,03 + 14\,000 \cdot 0,1$ 1580 „

3. Wiederherstellungskosten:

Gebäude $1\,^0/_0$, Ofen $2,5\,^0/_0$: $6000 \cdot 0,01 + 14\,000 \cdot 0,025$ 410 „

4. Löhne:

Für $2 \cdot 2$ Mann zu 4 M. die 12 stündige Schicht:

$2 \cdot 2 \cdot 4 \cdot 300$ . . . .   4800 „

5. Brennstoffaufwand:

$100\,000$ Kal. $= 16$ Pf.: $\dfrac{150 \cdot 300\,000}{0,9 \cdot 100\,000} = 0,16 \cdot 300$ . .   24\,000 „

Summe: 31790 „

1 cbm Endlauge einzudampfen erfordert also hiernach einen Aufwand von $32\,000 : 45\,000 = 0,71$ M.

Sollte jedoch zur Beseitigung der bei vorübergehenden Störungen entstehenden Salzsäure der Einbau einer Kondensationsanlage mit künstlichem Zuge und Zirkulationspumpe erwünscht erscheinen, so würde jene Zahl allerdings wieder eine Erhöhung erfahren, die jedoch keineswegs den Vorsprung gegenüber den bisher genannten Verfahren auszugleichen vermöchte. Als Vergleich möge der Hinweis genügen, daß eine Kondensationsanlage für ein Viermuffelsystem mit rund 5000 kg pro Jahr im Sulfatbetriebe rund 7000—8000 M. erfordert, daß es sich also bei dem Eindampfen, wo nur die Beseitigung gelegentlich auftretender Säure in Betracht kommt, keineswegs um hohe Beträge handeln kann.

Zusammengefaßt ergibt sich also, daß das Eindampfen der Endlauge zu Sechsersalz im Minimum etwa 71 Pf. erfordert.

Was bedeutet aber dieser doch an sich so gering erscheinende Satz. Er bedeutet für so manches Carnallitwerk 25 und mehr Prozent des derzeitigen Reingewinns. Und wollten wir sogar die Darstellung von Vierersalz zugrunde legen, die auf den Kubikmeter Endlauge Aufwendungen in Höhe von 2,30 M. erheischt, so würde so manches Werk auch auf die sonst so bescheidene Rente verzichten müssen.

Kosten des Versatzes bei Verwendung eindampfter Endlauge. Bei der Eindampfung zu Sechsersalz ($MgCl_2 \cdot 6\,H_2O$) verbleiben (vergl. Tafel 2) 840 kg und bei der Herstellung von Vierersalz ($MgCl_2 \cdot 4\,H_2O$) 678 kg fester Rückstand. Das Sechsersalz als Mineral Bischoffit hat das spez. Gewicht 1,59. Die entsprechenden Werte für das Vierersalz sind nicht bekannt. Da jedoch ein Vorschlag, unmittelbar n u r Vierersalz zum Versatz zu verwenden, nicht vorliegt, ein solcher wohl auch kaum im Ernste erwartet werden dürfte, so können wir wohl auf deren Ermittelung verzichten. Allzu sehr dürften sie sich allerdings nicht von den obigen Werten entfernen, da mit der Abspaltung von Wasser zugleich eine Volumenverminderung eintritt.

2*

1 cbm des schuppenförmigen Sechsersalzes wiegt nun rund 16 dz. Daraus folgt, daß, um 1 cbm lose geschütteten Versatz zu erhalten, rund $\frac{1600}{840} = 2$ cbm, genauer 1,9 cbm, Endlauge zu verdampfen sind.

1 cbm lose geschütteter Versatz kostet also, ungeachtet der Schlepperlöhne, rund 1,50 M., wobei zu berücksichtigen ist, daß infolge der Schuppen- oder Körnerform des Gutes der Versatz sehr dicht ausfüllt. Um einen Vergleich zu ermöglichen, sei darauf hingewiesen, daß 1 cbm in Bergmühlen gebrochenen Steinsalzversatzes im Durchschnitt etwa 75—80 Pf. erfordert.

Die chemische Bindung des Lösungswassers. Die Verwendung von Kalk und Soda. Eine andere Anzahl von Verfahren, denen die Eindampfung der Endlauge zu Sechsersalz nicht billig genug erscheint, schlagen nun vor, das Lösungswasser chemisch zu binden. Hierzu wird fast ausschließlich gebrannter Kalk von der Zusammensetzung CaO und dem Molekulargewicht 56 als vorteilhaft erachtet.

Der Gedanke, das Lösungswasser chemisch zu binden, ist jedoch von Grund auf verfehlt, wenigstens soweit gebrannter Kalk oder ähnliche Stoffe, wie entwässerte Soda (Molekulargewicht 106) in Frage kommen. Denn weder der gebrannte Kalk noch die entwässerte Soda werden uns von der Natur geliefert. Wir müssen derartige Stoffe künstlich aus zum Teil verschiedenen Rohstoffen mühsam gewinnen, also nicht unerhebliche Energiemengen aufwenden.

So kostet z. B. 1 t entwässerte Soda ab Gestehungsort rund 100 M. und zum Brennen des Kalkes sind auf die Tonne rund 2 dz Steinkohlen zu verwenden. Die Folge ist, daß der gebrannte Kalk frei Zechenplatz z. B. für Mitteldeutschland kaum unter 15 M. zu erhalten ist.

Doch weiter. 1 cbm Endlauge enthält, wenn von Sechsersalz ($MgCl_2 \cdot 6 H_2O$) ausgegangen wird, 480 kg zu beseitigendes Wasser. Entwässerte Soda vermag 10 Molekül Wasser, gebrannter Kalk aber nur 1 Molekül Wasser zu binden.

Hieraus folgt nach stöchiometrischen Gesetzen, daß 1 t gebrannten Kalkes nur $\frac{18 \cdot 1000}{56} = 321$ kg Wasser und 1 t Soda $\frac{10 \cdot 18 \cdot 1000}{106}$ = 1700 kg Wasser chemisch zu binden vermag, d. h., um 1 cbm Endlauge auf diesem Wege zu verfestigen, sind an gebranntem Kalk $480 : 320 = 1{,}5$ t und an entwässerter Soda $480 : 1700 = 282$ kg erforderlich.

Lediglich der Zusatz der genannten Stoffe verlangt also Aufwendungen bei Kalk in Höhe von 22,5 M. und bei entwässerter Soda, ungerechnet der Zufuhrkosten, 28,2 M. Wir ersehen hieraus, daß die Kosten derartiger Verfahren in einem ausgesprochenen Mißverhältnis zu der Rente stehen, welche die Kaliindustrie zu gewähren vermag, indem sie diese sogar um ein Vielfaches übersteigen.

Nun ist ja allerdings richtig, daß bei Einwirkung von Endlauge auf gebrannten Kalk Magnesiumoxychloride entstehen, die in den Verbindungen von $MgCl_2 . MgO$ eine mehr oder weniger große Anzahl Moleküle Wasser als Kristallwasser zu binden vermögen; und da sich hierbei gleichfalls Kalziumchlorid bildet, welches wie das Magnesiumchlorid 6 Moleküle Kristallwasser besitzt, so erfährt der Anteil an freiem Lösungswasser eine Verminderung. Doch ist diese Verminderung nicht entfernt so groß, um einen festen Körper entstehen zu lassen. Es ist deshalb erforderlich, Kalk im Überschuß zuzugeben.

Rechnungsgemäß sind z. B. unter der Annahme eines Magnesiumoxychlorides von der Zusammensetzung $MgCl_2 . 2 MgO . 9 H_2O$ gemäß der Beziehung:

$$3 MgCl_2 . 6 H_2O + 2 CaO = 4 MgCl_2 . 2 MgO . 9 H_2O + 2 CaCl_2 . 6 H_2O$$

zur Bildung des genannten Oxychlorides bei einem Gehalt von 350 kg $MgCl_2$ in 1 cbm Endlauge $\dfrac{2 . 56 . 350}{3 . 95,4} = 137$ kg CaO erforderlich, wodurch der Gehalt an freiem, nicht an $MgCl_2$ gebundenen Wasser von 480 kg auf (vergl. Tafel II) $480 - \dfrac{3 . 18 . 137}{2 . 56} = 480 - 66 = 414$ kg zurückgeht.

Sollen also auch diese noch abgebunden werden, so sind außer den 137 kg noch $\dfrac{56 . 414}{18} = 1288$ kg gebrannter Kalk hinzuzufügen; die Ersparnisse an gebranntem Kalk würden also immer erst $1500 - 1288 - 137 = 75$ kg betragen.

Nun sind allerdings auch solche große Mengen nicht erforderlich, um eine scheinbar trockne Masse zu erzeugen, da sowohl das Magnesiumoxychlorid wie der im Überschuß hinzugefügte gebrannte Kalk als Aufsaugemasse dienen, und infolge der Reaktionswärme ein Teil des ungebundenen Wassers verdampft. Aber schon der Zusatz von nur 137 kg gebrannten Kalkes erfordert einen Materialaufwand von rund 2,10 M. Die Nutzbarmachung des Magnesiumoxychlorids fällt also erheblich teurer aus, als das Eindampfen nach irgend einem der behandelten Verfahren.

Und nicht anders verhält es sich bei der entwässerten Soda. Denn wenn auch diese mehr Wasser zu binden vermag, so findet doch so lange eine Umsetzung in Magnesiumkarbonat unter Bildung von Natriumchlorid statt, als noch $MgCl_2$ vorhanden ist, wobei noch das ganze Kristallwasser des Chlormagnesiums gleichsam ins Freie fällt.

Die Verwendung von Kieserit. Ist es nun Zufall oder absichtliches Übersehen, daß unter den Vorschlägen sich keiner findet[1]), welcher planmäßig den Kieserit zur Wasserbindung benutzt. Die Rohsalze enthalten bekanntlich nicht selten ganz erhebliche Mengen Kieserit, bis etwa $50\,^0/_0$, das Hauptsalz allerdings nur bis etwa $17\,^0/_0$, die gleichsam kostenlos mit an die Tagesoberfläche gebracht werden. Der Kieserit hat nun

---

[1]) Plock und Mehner verwenden Kieserit nach D.R.P. Nr. 172441 nur als Zusatz neben gebranntem Kalk.

die chemische Zusammensetzung $MgSO_4 . 1 H_2O$ mit dem Molekulargewicht 138 und vermag noch 6 Moleküle Wasser, also 108 Gewichtsteile Wasser, als Kristallwasser zu binden. Um 1 cbm Endlauge zu verfestigen, wären also $\frac{480 . 138}{108} = 613$ kg Kieserit erforderlich.

Nun fallen auf 3000 dz Rohsalz 150 cbm Endlauge mit 150 . 480 kg ungebundenem Wasser. Um das gesamte Wasser zu binden, sind also nach der stöchiometrischen Beziehung: 138 kg Kieserit = 108 kg Wasser $\frac{150 . 138 . 480}{108} = 150 . 613 = 91\,950$ kg Kieserit erforderlich, woraus folgt, daß, wenn der Gehalt an Kieserit im Rohsalz $\frac{91\,950 . 100}{3000 . 100} = 30{,}6\,^0/_0$ übersteigt, sämtliches Lösungswasser beseitigt werden könnte.

Leider sind jedoch die Carnallitwerke nicht in der glücklichen Lage, über einen so hohen Prozentsatz zu verfügen.

Hinzu kommt aber, daß sich nicht sämtlicher Kieserit gewinnen läßt. Ein Teil geht auch schon bei der Gewinnung unter Wasseraufnahme in Bittersalz über, so daß die in den Handel kommende, aus dem Carnallit stammende Marke statt $86{,}9\,^0/_0$ $MgSO_4$ nur 55—$60\,^0/_0$ enthält, entsprechend $69\,^0/_0$ $MgSO_4 . 1 H_2O$. Endlich wird aber ein großer von Jahr zu Jahr steigender Prozentsatz zur Sulfat- und Bittersalzgewinnung benötigt, so daß also der Kieserit steigenden Marktwert besitzt und für eine derartige Verwendung nicht frei ist.

Vergleich und Kosten der beiden Verfahren. Immerhin sei darauf hingewiesen, daß sich zurzeit noch eine planmäßige Heranziehung des Kieserits zur Bindung des Lösungswassers billiger stellt als die Verwendung von gebranntem Kalk, sofern man wenigstens eine völlige Bindung als Kristallwasser fordert. Denn an Kalk sind rechnungsgemäß $137 + 1288 = 1425$ kg erforderlich gegen $613 : 0{,}69 =$ rund 900 kg Kieserit. In jenem Falle wären also rund 21 M., in diesem Falle bei 1 M. pro Doppelzentner nur 9 M. aufzuwenden.

Die Beseitigung des Lösungswassers unter Zuhilfenahme von Aufsaugestoffen. Während nun diejenigen Vorschläge, welche das ganze Lösungswasser chemisch binden wollen, die Kostenfrage ganz außer acht lassen, begehen die Erfinder, welche nur einen Bruchteil der zur vollständigen chemischen Abbindung erforderlichen Mengen zusetzen und den Rest des Lösungswassers durch Aufsaugemassen beseitigen wollen, einen anderen kaum minder großen Fehler.

Nach Fürer (Salzbergbau und Salinenkunde S. 607) begegnet es großen Schwierigkeiten, eine Chlormagnesiumlauge allein durch Verdunstung auf 37^0 Bé. entsprechend einem spez. Gewicht von 1,34 zu bringen. Wenn nun auch unter Tage infolge der dort herrschenden höheren Temperatur in Verbindung mit dem größeren Sättigungsdefizite der Grubenluft ein höherer Grad der Konzentration erreicht werden dürfte, so kann es sich doch nur um einen mehr oder weniger geringfügigen

Betrag handeln, der gegenüber dem spez. Gewicht des kristallisierten Magnesiumchlorides von 1,59 wohl kaum in Betracht kommen dürfte.

Ist somit eine Beseitigung des Lösungswassers durch Abtrocknung ausgeschlossen, so folgt, daß sich zunächst an den tiefsten Stellen der einzelnen Abbaue Laugen ansammeln. Indem sich diese aber von der über Tage herrschenden Temperatur auf die Temperatur der Grubenräume erwärmen, sind sie, gleichviel ob Sättigung an $Mg\,Cl_2\,.\,6\,H_2O$ besteht oder nicht, imstande, unter Aufnahme von Chlorkalium, Magnesiumsulfat usw. den Carnallit der Pfeiler zu zersetzen. Namentlich bei steilerer Lagerung ist also, wie auch schon bei der Einbringung zu feuchten Löserückstandes beobachtet, die Möglichkeit gegeben, daß die Laugen die Pfeiler durchfressend auf den tieferen Sohlen hervorbrechen. Abgesehen davon, daß man nicht immer einwandfrei feststellen können wird, ob die Laugen einem Wasserdurchbruch oder nur dem Löserückstand oder der Aufsaugemasse entstammen, besteht also noch die Gefahr, daß durch die Schwächung der Pfeiler das Hangende in Mitleidenschaft gezogen wird. Die bergmännischen Leiter sind daher im Recht, wenn sie sich die Anlieferung zu feuchten Löserückstandes verbitten, und aus demselben Grunde werden sie auch ein Verfahren zurückweisen, das sich nur mit einem teilweisen Abbinden des Lösungswassers begnügt oder sich des Spülversatzes bedient.

Das eben Gesagte schließt natürlich nicht aus, daß auf den Hartsalz- oder Sylvenitwerken in dem angegebenen Sinne und ohne Gefährdung der Grubengebäude verfahren werden kann.

Die sich aus der Volumenvermehrung ergebende Schwierigkeit, die verfestigten Endlaugen neben den Fabrikrückständen im Grubengebäude unterzubringen. Wir kommen nun zu den letzten, fast allen Verfahren gemeinsamen Fehler, das ist die Unmöglichkeit, die verfestigte Endlauge unterzubringen.

Wir hatten schon eingangs gesehen, daß im Durchschnitt die einzelnen Vorkommen ein K_2O-Gehalt von 10 % aufweisen, entsprechend rund $\dfrac{149}{94}$ = 15,95 % KCl, und nur dieser wird bei der Gewinnung entfernt. Es verbleiben mithin rund 84 Gewichtsprozente im Rückstand, die bei einem spez. Gewicht des KCl von 1,989 rund $100 - \dfrac{15,95}{1,989} = 94$ Volumenprozent einnehmen. Ein Schüttungskoeffizient von nur 1,1 reicht also hin, um sämtliche Räume unter Tage zu versetzen.

Entspricht nun schon der Schüttungskoeffizient nicht den Tatsachen, 1,1 ist zu gering, so ist noch zu bedenken, daß das Streckennetz, soweit es zur Förderung, Fahrung und Wetterführung usw. benötigt wird, offen bleiben muß, für die Rückstände, welche aus den innerhalb der Lagerstätte für die genannten Zwecke getriebenen Strecken stammen, ist also überhaupt kein Versatzraum vorhanden. Und in noch höherem Maße gilt dieses für die im Nebengestein, im älteren Steinsalz, sich befindende Grubenräume.

Etwas günstiger gestaltet sich das Verhältnis, wenn die Verarbeitung des Roh- oder Hauptsalzes sich nicht auf die Gewinnung von Chlorkalium allein beschränkt, sondern daneben auch noch eine Kieseritwäsche, sei es zur Sulfatgewinnung oder nicht, betrieben wird.

Der Kieserit wird nun im älteren Carnallit bis zu 17 $^0/_0$ beobachtet. Es ist daher durchaus nicht gleichgültig, ob diese Menge im Rückstand verbleibt oder nicht. Und dennoch ist es eine oft beobachtete Tatsache, daß trotz Kieseritwäsche und Endlaugenkonzession der fallende Rückstand einschließlich der Kesselasche und des bei den Arbeiten im Nebengestein fallenden Steinsalzes vollständig ausreicht, die frei werdenden Firsten zu versetzen.

Wohin also mit der verfestigten Endlauge? Eines von beiden geht nur. Entweder gelangt die verfestigte Endlauge zum Versatz, so gut es geht, oder aber die Asche nebst Steinsalz und Rückstand. Wird aber die Frage praktisch, so entscheidet man sich natürlich für den Versatz des $MgCl_2$, $6\,H_2O$ und die Nutzbarmachung des Steinsalzes und Rückstandes zu Speisesalz und Glaubersalz, die wieder auf den Salinen- und den Sulfatbetrieb zurückwirken muß.

Die geringsten Schwierigkeiten hinsichtlich der Unterbringung bestehen noch, wenn die Endlauge eingedampft wird.

In diesem Falle nimmt wenigstens das Magnesiumchlorid, abgesehen vom Schüttungskoeffizienten, denselben Raum ein, wie vor der Auflösung. Und wenn dann noch ein Teil der Endlauge an andere Industrien abgegeben wird, so mag die Platzfrage in dem einen oder anderen Falle zur Bedeutungslosigkeit herabsinken. Anders jedoch, wenn das Lösungswasser chemisch oder durch Aufsaugemassen gebunden werden soll.

Nach dem eben Ausgeführten unterliegt es keinem Zweifel, daß hierbei die erhaltenen Mengen unter Tage nicht untergebracht werden können. Ein Beispiel möge dieses jedoch noch näher erläutern. Nach S. 20 vermögen 1000 kg gebrannter Kalk (CaO) rund 320 kg Wasser zu binden. Gebrannter Kalk hat nun das spez. Gewicht 2,3 und der gelöschte Kalk (CaH_2O_2) das spez. Gewicht 1,2. Das Volumen von 1000 kg gebrannten Kalkes beträgt mithin $\dfrac{1000}{2,3} = $ rund 0,435 cbm und

das des gelöschten Kalkes mithin $\dfrac{1000 + 320}{1,2} = 1,1$ cbm, d. h. die Volumenzunahme erreicht rund $250\,^0/_0$, woraus sich weiterhin ergibt, daß 1 cbm Endlauge nach der völligen chemischen Bindung des Lösungswassers an gebrannten Kalk einen Raum von

$$\frac{840}{1,59} + \frac{480}{320} \cdot 1,1 \text{ cbm einnimmt.}$$

Hierin bedeuten:

840 in Doppelzentnern die Menge an $MgCl_2 . 6\,H_2O$, $MgSO_4 . 7\,H_2O$, $NaCl$ und KCl nach Tafel II,

1,59 das spez. Gewicht von Bischoffit ($MgCl_2 . 6\,H_2O$),

480 in Doppelzentnern die Menge des in 1 cbm Endlauge enthaltenen Lösungswassers;

die Bedeutung der Zahlen 320 und 1,1 ergibt sich aus den unmittelbar vorhergehenden Zeilen.

Durch Ausrechnung erhält man $0,528 + 1,65 = 2,193$ cbm.

Nun mag allerdings durch Bildung von Kalzium- oder Magnesiumoxychlorid und Verdampfen eines Teiles des Lösungswassers infolge der beim Ablöschen auftretenden Reaktionswärme das spez. Volumen etwas kleiner ausfallen. Doch steht dem die mit dem Ablöschen verbundene Auflockerung der Masse und der Schüttungskoeffizient gegenüber. Der ausgerechnete Wert ist daher eher noch zu klein als zu groß; d. h. aber nichts anderes, als daß auf 1 cbm leer geförderten Raumes mehr als 2 cbm Versatz entstehen.

Und nicht anders verhält es sich, wenn zur Bindung Aufsaugestoffe, wie Braunkohle usw. Verwendung finden oder Kieserit zur Anwendung kommen soll. Über die hierbei auftretende Volumenvermehrung folgendes: Das Molekulargewicht von Kieserit ($MgSO_4 . H_2O$) ist 138, das von Bittersalz ($MgSO_4 . 7 H_2O$) ist 246. Das spez. Gewicht von Kieserit ist rund 1,54, das von Bittersalz 1,68 und das des Rohsalzes 2; im Hauptsalz sind $17\,^0/_0$ Kieserit enthalten, entsprechend $2 . 170$ kg auf 1 cbm, entsprechend einem Volumen von 0,22 cbm = 22 Volumprozent.

Hieraus ergibt sich das Volumen des Bittersalzes zu $\dfrac{246 . 170 . 2}{138 . 1,68 . 1000}$ $= 0,3608$ cbm und die Volumenzunahme, bezogen auf 1 cbm, zu $14\,^0/_0$, während bei der Auflösung von 15,95 Gewichtsprozent KCl aus dem Rohsalz, entsprechend dem spez. Gewicht für KCl von 1,989, rund 8 Volumenprozent in Fortfall kommen. Das besagt also, daß das Volumen des Rückstandes durch die Wasseraufnahme seitens des Kieserits nach der Verarbeitung auf KCl um $14 - 8 = 6\,^0/_0$ größer ist als vorher.

Die Tragfähigkeit des[1] **Versatzes.** Auf einen Punkt ist bisher noch nicht eingegangen worden, das ist die Tragfähigkeit des Versatzes.

Solange als der Versatz nichts kostet und bei der Schachtförderung sogar die Nutzlast vermindert, wird man eine Forderung nach der genannten Richtung hin kaum erheben. Anders jedoch, wenn nicht nur bedeutendes Kapital, sondern auch dauernd recht erhebliche Betriebsmittel aufgewendet werden müssen. Und das ist bei der Nutzbarmachung der Endlauge zu Bergeversatz der Fall.

Wir hatten eingangs gesehen, daß die Rente bei den voll im Betrieb befindlichen, ihre Anlage völlig ausnutzenden Gesellschaften pro Doppelzentner K_2O auf 5 M. angesetzt werden kann, und daß, während die Sylvinit- und auch ein großer Teil der Hartsalzwerke einen höheren Gewinn ausweist, die Carnallitwerke sich mit einem geringeren Satze begnügen müssen. Rechnen wir aber selbst auch für diese mit 5 M. pro

---

[1] Aus der Endlauge gewonnen.

Doppelzentner, so ergibt sich für die Carnallitwerke ein Maximalgewinn von 10 M. pro Kubikmeter anstehenden Salzes.

Bezeichnen wir nun den Inhalt eines Abbaufeldes im Kubikmeter mit a, die Rente auf den Kubikmeter mit b, die Kosten des Versatzes pro Kubikmeter mit x und nehmen an, daß bisher ein Abbauverlust von 50 %, bei Einführung des Versatzes dagegen nur noch ein solcher von 20 % vorhanden ist — ganz läßt er sich naturgemäß nie beseitigen —, so besteht für den Fall, daß die gesamte zur Ausschüttung gelangende Rente sich gleich bleibt, folgende Gleichung:

$$a \cdot 0{,}50 \cdot b = a \cdot 0{,}8\, b - a \cdot 0{,}8\, x.$$

Aus dieser ergibt sich:

$$x = \frac{0{,}3}{0{,}8}\, b \text{ und für } b = 10 \text{ M. folgt } x \text{ zu } 3{,}75 \text{ M.}$$

Kann natürlich b nur mit 6 oder gar 3 M. angesetzt werden, so ergibt sich x auch nur zu $1{,}8 : 0{,}8 = 2{,}25$ M. bezw. 1,1 M. Aber diese Sätze sind noch zu günstig.

Die eben ausgeführte Rechnung hatte nämlich zur Grundlage, daß sich die Rentensumme gleich bleiben sollte. Das ist aber gleichbedeutend mit einer Schmälerung der augenblicklichen Rente um einen Satz, der in dem Beispiel 37,5 % erreicht. Statt 10 % gelangen also nur 6,25 % zur Ausschüttung. Bei gleichzeitiger Verlängerung der Lebensdauer eines Werkes wird also ein Verfahren nur dann Aussicht auf Anwendung haben, wenn es hinter jenem Satze erheblich zurückbleibt. Dieser Satz wird allerdings von Fall zu Fall kleineren Schwankungen unterliegen.

Doch wie steht es überhaupt mit der Möglichkeit, einen tragfähigen Versatz zu gewinnen? Nun, nicht gerade günstig. Bei geschüttetem Versatz beträgt der Böschungswinkel etwa 45°, bei ruhenden Rückstandsmassen etwa 60°. Ein festes Anlegen an das Hangende wird also nur da eintreten, wo das Einfallen 60° übersteigt, ein Fall, der nur auf einer kleinen Minderheit unter den Carnallitwerken gegeben sein dürfte.

Ist nun aber das Einfallen geringer, so läßt sich ein dichter Anschluß an das Hangende um so weniger erreichen, je flacher die Lagerstätte einfällt, während gleichzeitig die Abbauverluste durch Stehenlassen von Pfeilern sich vergrößern, und bei flacher, söhliger Lagerung ist ein Anschluß an das Hangende überhaupt völlig ausgeschlossen.

Hinzu kommt, daß ein tragfähiger Versatz nur einen sehr kleinen Schüttungskoeffizienten besitzen darf und so zu einem Ganzen verfestigt sein muß, daß er nach Fortnahme des Pfeilers das Dach trägt, ohne seitlich auszubrechen oder nachzugeben; denn ein Zerbersten der schützenden Decke des Salztones kann mit dem Ersaufen des Werkes gleichbedeutend sein.

Das Problem, einen tragfähigen Versatz zu finden, ist also nicht leicht zu lösen und um so schwerer, als Spülversatz nicht angewendet werden kann. Vor allen Dingen bildet aber die gegenwärtige Abbaumethode das größte Hindernis.

An Vorschlägen, diese abzuändern, hat es allerdings nicht gefehlt; ob man aber z. B. mit dem von **Kegel** im Glückauf 1906, S. 1309 ff. vorgeschlagenen zusammengesetzten firsten- und stoßartigen Scheibenbau weiter kommt, erscheint sehr fraglich, selbst dann auch, wenn man vom Spülversatz Abstand nehmen sollte.

B. Kritische Betrachtungen über die bekannt gewordenen Vorschläge zur Nutzbarmachung der Endlauge.

Wenden wir uns nun den einzelnen bisher gemachten Vorschlägen zu und untersuchen sie im Hinblick auf die oben aufgestellten Richtlinien auf ihre Anwendbarkeit.

Verfahren von Przibylla. Da ist zunächst das Verfahren von C. Przybilla (D.R.P. Nr. 123289, Kl. 5b, Gruppe 12). Dieses Verfahren läßt die Frage nach der Nutzbarmachung oder Verfestigung gänzlich unberührt und schlägt vor, die fallenden Endlaugen, so wie sie sind, in Hohlräumen unter Tage unterzubringen, und zwar soweit es zulässig ist, in den Hohlräumen innerhalb der Lagerstätte selbst oder im Steinsalz.

In wirtschaftlicher Hinsicht hat das Verfahren etwas für sich. Wird die Lauge in der Kalisalzlagerstätte selbst untergebracht, so entstehen so gut wie gar keine Kosten; wählt man aber statt dessen das Steinsalz, so verspricht die Gewinnung von Steinsalz sogar noch einen kleinen Gewinn, der sich allerdings infolge drohender Überproduktion auch sehr wohl in einen die ganze Höhe der Gewinnungskosten umfassenden Verlust umwandeln kann; denn gegenüber der deutschen Jahresproduktion an Steinsalz in Höhe von etwa 1 500 000 t würde ein Carnallitwerk mit einer täglichen Verarbeitung von 3000 dz im Jahre allein 150 . 300 . 2 = 90 000 t Steinsalz gewinnen müssen. 16 Werke wären also imstande, die gesamte Jahresgewinnung zu decken.

Trotzdem kann von einer Anwendung des Verfahrens überhaupt nicht die Rede sein. So gewaltige Flüssigkeitsmengen im Bergwerk unterzubringen — es handelt sich bei 3000 dz pro Tag um 45 000 cbm im Jahr —, würde eine stete Lebensgefahr für die Bergleute bedeuten; und das gilt unabhängig davon, ob die Unterbringung im Steinsalz oder in der Kalilagerstätte selbst geschehen soll. Wir brauchen uns nur der Tatsache zu erinnern, daß selbst die dem Löserückstand anhaftende, doch an allen Salzen gesättigte Lauge wahrscheinlich lediglich infolge der nachfolgenden Wiedererwärmung in der Grube Carnallit angreift, um die Unzweckmäßigkeit des Vorschlages zu erkennen. Nein, vom bergmännischen Standpunkt aus ist dieser Vorschlag überhaupt nicht vertretbar.

1. Verfahren von Nahnsen. In nichts glücklicher ist der ebenfalls durch Patent geschützte Gedanke Nahnsens (D.R.P. Nr. 132175, Kl. 5 b), die Endlaugen vor der Einbringung für die Salzart zu sättigen, mit der die Laugen in Berührung kommen sollen. Hier wie dort bestehen dieselben Bedenken.

Einen Fortschritt gegenüber den beiden genannten Verfahren bedeuten daher unstreitig die beiden Vorschläge D.R.P. Nr. 101899, Kl. 5 b und D.R.P. Nr. 187831, Kl. 5 d, welche die Endlaugen eindampfen, um einen tragfähigen, die Gewinnung der Pfeiler vielleicht ermöglichenden Versatz zu erzielen. Der erste der beiden genannten Vorschläge rührt gleichfalls von Nahnsen her, der andere von Prof. Mehner.

2. Verfahren von Nahnsen. In diesem zweiten Vorschlag will nun Nahnsen die Endlaugen zu Sechsersalz, $MgCl_2 \cdot 6 H_2O$, eindampfen, um sie in noch heißflüssigem Zustande in die offenen Räume unter Tage einzubringen.

Wie wir wissen, sind die Kosten für die Eindampfung zu Sechsersalz nicht gerade gering, wenn auch nicht gerade unerschwinglich. So erfordert 1 cbm einen Aufwand an Brennstoff von etwa $48 : 0{,}9 = 53{,}3$ Pf. und die gesamten Gestehungskosten können günstigenfalls auf etwa 71 Pf. (vergl. S. 19) veranschlagt werden.

Demgegenüber beachtet Nahnsen jedoch zu wenig die technischen Schwierigkeiten. Der Siedepunkt des Sechsersalzes liegt bei 154° C., sein Erstarrungspunkt bei 118° C.; soll also ein tragfähiger Versatz entstehen, so muß das Salz in flüssigem Zustand, also mit einer über 118° C. liegenden Temperatur in die Firsten eingebracht werden. Um dieses zu erreichen, bedarf es einer isolierten dampfgeheizten Rohrleitung. Man sieht ohne weiteres, wie sich hier die Schwierigkeiten türmen, wie sich eine Frage an die andere reiht. Selbstverständlich und dabei von geringerer Bedeutung ist es, daß ein Abbau vom Schacht nach den Feldesgrenzen ausgeschlossen ist. Aber die Hauptschwierigkeiten bilden die hohen Temperaturen, um die man nicht herum kann, und die für die Mannschaften eine große Gefahr bedeuten. Im übrigen muß auch die Tatsache bedenklich stimmen, daß bei so hohen Temperaturen der Carnallit der Pfeiler als solcher nicht mehr bestehen kann, sondern unter Abspaltung von Wasser und Volumenänderungen in Hartsalz übergeht. Endlich erreicht Nahnsen aber auch keineswegs einen tragfähigen Versatz. Der Bischoffit ist nach den Gleitflächen in hohem Grade beweglich, er paßt sich also unter Druck jedwedem Raum an und muß daher in die offenen Firste eindringen, sobald infolge Fortfall der Pfeiler das Hangende sich zu setzen beginnt. Dieses dürfte wohl genügen, um die Aussichtslosigkeit des Verfahrens darzutun.

Verfahren von Prof. Mehner. In etwas anderer Richtung bewegt sich der Vorschlag von Prof. Mehner. Dieser will einen Teil der gesamten Endlaugenmenge zu Vierersalz, $MgCl_2 \cdot 4 H_2O$, eindampfen, um das so gewonnene Vierersalz, mit dem verbleibenden Rest Endlauge in einem solchen Verhältnis vermischt in die zu versetzenden Räume einzuspülen, daß das Gemisch zu Sechsersalz erstarrt. Und um dieses Ziel zu erreichen, müssen etwa $4/5$ der gesamten Endlaugen in Vierersalz übergeführt werden, wobei er lediglich mit Hilfe strahlender Wärme auszukommen hofft.

Es kann keinen Augenblick einem Zweifel unterliegen, daß das Gemisch von Vierersalz und Endlauge einen brauchbaren tragfähigen Versatz abgibt, wenigstens beweist die Tatsache, daß ein derartiges Gemisch nach Tagen oder Wochen, den atmosphärischen Einflüssen ausgesetzt, zu fließen beginnt, nichts gegen die Brauchbarkeit unter Tage, wo bei höherer Temperatur ein wesentlich geringerer relativer Feuchtigkeitsgehalt herrscht.

Doch auch dieses Verfahren hat seine Achillesferse.

Wie wir schon auf S. 10 kennen gelernt haben, muß es als ausgeschlossen bezeichnet werden, durch Strahlung allein in Apparaten von brauchbaren Abmessungen zum Ziel zu gelangen. Dabei stellen sich die verlustlosen Brennstoffkosten für einen in Vierersalz überzuführenden Kubikmeter Endlauge auf 72 Pf., für einen Kubikmeter zu beseitigender Endlauge überhaupt also auf $\dfrac{72 \cdot 120}{150} = 58$ Pf. Und wenn schließlich die Anlagekosten auch hinter den entsprechenden Zahlen einer mit den üblichen Vakuumapparaten arbeitenden Anlage zurückbleiben sollten, so ist es doch, wie wir sehen, billiger, die gesamte Endlaugenmenge bei einem verlustlosen Brennstoffaufwand von 48 Pf. auf den Kubikmeter in Sechsersalz überzuführen, sowohl was die Brennstoffkosten als auch die Anlagekosten anbetrifft. Wenigstens kommt man auch mit Sechsersalz von weniger als 53 $^0/_0$ Wasser zum Ziele. Allerdings muß anerkannt werden, daß in diesem Falle von einem die Gewinnung der Pfeiler ermöglichenden tragfähigen Versatz nicht mehr recht die Rede sein kann. Aber was nutzt uns andererseits wieder ein tragfähiger Versatz, der, die Zahlen für das übliche Vakuumverdampfverfahren zugrunde gelegt, $\dfrac{2{,}84 \cdot 120}{150} = 2{,}27$ M. auf den Kubikmeter Endlauge erfordert, während gerade die in Betracht kommenden Werke zum großen Teil nicht entfernt mit einem Reingewinn von 10 M. pro Kubikmeter anstehenden Salzes oder Endlauge rechnen können, und der Satz, um den sich bei Mitgewinnung der Pfeiler die Versatzkosten erhöhen dürfen, nur selbst wieder im Maximum einen Wert erreichen darf, der unter 30 $^0/_0$ (vergl. S. 26) des Reingewinnes bleiben muß.

Dem Chemiker ist an dem Verfahren noch besonders unsympathisch, daß, um schließlich ein Sechsersalz zu erhalten, $4/5$ in Vierersalz übergeführt werden müssen, was im Hinblick auf die Überwindung der Hydratationswärme eine Energieverschwendung bedeutet.

Wir sehen also, daß dem Mehnerschen Verfahren die hohen Kosten entgegenstehen und leider scheint keine Aussicht vorhanden, es lebensfähig zu machen, wenigstens mußten nach Dr. Friedrich Glöckner (Kali 1913, Heft 5, S. 117) auch die Versuche, das Einspülen der Mischung im großen durchzuführen, als aussichtslos aufgegeben werden.

Wir kommen nun zu den Vorschlägen, welche, offenbar abgeschreckt von den vermeintlich hohen Kosten der Eindampfvorschläge, das Lösungswasser durch gebrannten Kalk binden und dadurch die Endlauge versatzfähig machen wollen.

Hierhin gehören die durch die D.R.P. Nr. 172441, 185147, 185661, sämtlich in Kl. 5 d, Gruppe 9 geschützten Verfahren von Plock und Mehner, ferner die Verfahren von Wagner (D.R.P. Nr. 167219, Kl. 5 d, Gruppe 9), von Lauffer (D.R.P. Nr. 192429, Kl. 5 d, Gruppe 9) und das der A.-G. Heldburg (D.R.P. Nr. 247588, Kl. 5 d vom Jahre 1911).

Verfahren von Wagner sowie die von Plock und Mehner. Von diesen genannten Verfahren sind die von Plock und Mehner angegebenen am besten durchgearbeitet, und doch stellen sie eigentlich nichts anderes dar als eine konsequente Durchführung des von Wagner zuerst ausgesprochenen Gedankens, die Endlauge durch Zusatz von gebranntem Kalk zu verfestigen.

Abgesehen aber davon, daß eine standsichere Verfestigung, welche eine Gewinnung der Pfeiler ermöglichte, nicht zu erreichen ist (vgl. auch Riemer, Die patentierten Verfahren zur Beseitigung der Endlaugen der Kaliindustrie, Ztschr. Kali 1912, S. 398ff.), lassen die genannten Verfahren die Gesichtspunkte der Kosten und des verfügbaren Raumes außer acht.

Wir hatten auf S. 20 gesehen, daß, um sämtliches Lösungswasser chemisch durch gebrannten Kalk zu binden, auf den Kubikmeter Endlauge rund 1,5 t erforderlich sind, so daß sich die reinen Materialkosten im Durchschnitt auf etwa 22,5 M. belaufen, ungerechnet der Aufwendungen für die zur Mischung erforderlichen Apparate und die Löhne, während die Rente auf den Kubikmeter Endlauge nur in günstigen Fällen zu 10 M. angenommen werden kann. Überdies nimmt die Endlauge nach der Verfestigung einen wesentlich größeren Raum ein, als vorher, wir ermittelten das Verhältnis zu etwa 2 : 1, so daß es also ausgeschlossen ist, sämtliche Endlaugen auf diesem Wege zu beseitigen.

Und an diesem Ergebnis ändert auch die Tatsache nichts, daß infolge der Bildung von Magnesiumoxychloriden, welche selbst wieder als Aufsaugemassen dienen, nur ein Bruchteil der theoretisch erforderlichen Menge gebrannten Kalkes notwendig ist; denn soll das Produkt nicht schmieren, so ist, wie Riemer gezeigt hat, ein Zusatz von mindestens 700 g auf einen Liter erforderlich, also 700 kg auf einen Kubikmeter, das entspricht einem Materialaufwand von etwa $\dfrac{22,5 \cdot 700}{1500} = 10,5$ M. Der Kubikmeter Versatz kommt also immer noch teurer zu stehen als die Rente überhaupt ausmacht, und dabei wird nur ein krümliges Pulver erzielt, nicht aber ein tragfähiger Versatz.

Von Interesse ist noch, daß nach D.R.P. Nr. 172441 Plock und Mehner einen Teil des Kalkes durch eine gleichwertige Menge Kieserit ersetzen, doch sahen wir, daß einer planmäßigen Verwendung die zur Verfügung stehende geringe Menge und deren Bedeutung für die Sulfatdarstellung entgegenstehen. Außerdem aber sind nach diesem Verfahren immer noch 200 kg Kalk erforderlich, entsprechend einem Aufwand $22,5 \cdot 200 : 1500 = 3$ M.

Verfahren von Lauffer. Noch kürzer können wir uns hinsichtlich des Verfahrens von Lauffer fassen, welcher 1 cbm durch 50 kg Kalk und 50 kg Asche verfestigen will. Nach obigem ist klar, daß von einer festen Masse nicht die Rede sein kann, und dennoch erfordert der Kalkzusatz ohne die Mischvorrichtungen einen Aufwand von $22,5 : 20 = 1,125$ M., also mehr als die Eindampfung kostet. Dabei entwickelt sich Schwefelwasserstoff aus der Asche, der eine Anwendung des Verfahrens wegen des unerträglichen Geruches im Bergbau ausschließt.

Verfahren der A.-G. Heldburg. Als letztes in dieser Gruppe zu besprechendes Verfahren ist das durch D.R.P. Nr. 247588 geschützte Verfahren zu nennen, welches insofern noch unsere besondere Aufmerksamkeit verdient, als es von berufener Seite vorgeschlagen wird.

Der Patentanspruch lautet:

1. Verfahren zur Beseitigung von Endlaugen der Kaliwerke unter Verwendung als Bergeversatz dadurch gekennzeichnet, daß man den SO_3-Gehalt der Endlaugen durch geeignete Lösungen von schwefelsauren Salzen, vorteilhaft Bittersalzlösung (Abfalllaugen), anreichert und dann den SO_3-Gehalt durch Chlorkalzium ausfällt, wodurch eine Emulsion entsteht.

2. Verfahren nach Anspruch 1 gekennzeichnet dadurch, daß man diese Emulsion unter Zugabe von geringen Mengen gebrannten Kalkes, Dolomites oder sonstiger Magnesiumoxydverbindungen mit kieserithaltigem Löserückstand vermischt und unter Bildung von Doppelsalzen erstarren läßt.

Durch eingehende Versuche hat sich nun, nach Angabe der Erfinder, herausgestellt, daß es bei Ausführung des Verfahrens nicht erforderlich ist, die Chlorkalziumlauge nach Patentanspruch 1 besonders herzustellen und damit den SO_3-Gehalt der Endlauge auszufällen, sondern daß praktisch etwas anders verfahren wird, und zwar muß dabei darauf Rücksicht genommen werden, ob ein Carnallit- oder ein Hartsalzwerk vorliegt.

Da die Hartsalzwerke nur dann über nennenswerte Endlaugen verfügen, wenn sie eine größere Sulfatgewinnung betreiben, so kommen sie für uns also weniger in Betracht. Es seien daher hier nur die nötigsten Angaben gemacht.

Nach der mir von der Verwaltung freundlichst gegebenen Auskunft genügen zur Beseitigung von 15 cbm bei der Sulfatfabrikation fallender

Endlauge ca. 640 dz Löserückstand, 6 dz gebrannter Kalk oder Dolomit und 0,5 cbm Bittersalzlösung.

Durch Hinzufügung der Bittersalzlösung, des Kalkes usw. wird die Rückstandsmenge um 210 dz, entsprechend 35 Wagen zu 5 hl vermehrt. Danach berechnen die Erfinder die Kosten wie folgt:

1. Schachtförderung der 35 Wagen zu 10 Pf. . . . . . . 3,50 M.
2. Mehrarbeit durch Auskratzen der Wagen im Schacht . . 5,00 „
3. 6 dz Kalk zu 1,20 M. . . . . 7,20 „

Summe: 15,70 M.

Demgemäß ergeben sich die Kosten für die Verfestigung von 1 cbm Endlauge zu 15,70 : 15 = 1,05 M. Man wird nicht umhin können, diese Aufstellung als zu günstig zu bezeichnen, da, wie wir bei der Besprechung des für die Carnallitwerke angegebenen Verfahrens sehen werden, noch besondere Mischtröge mit Rührwerk und Bedienung erforderlich sind.

Zur Beseitigung der bei der Verarbeitung von Carnallit fallenden Endlauge sollen nun auf 30 cbm Endlauge 1280 dz Löserückstand, außerdem aber 15,5 dz gebrannter Kalk oder gebrannter Dolomit und 1 cbm Bittersalzlösung erforderlich sein.

„Um eine richtige Ausnutzung des Kalkes“, wir folgen hier wörtlich den gemachten Mitteilungen, „bezw. des Dolomites zu erreichen, d. h. Klumpenbildung zu vermeiden, wird der gemahlene Kalk allmählich unter Umrühren in ungefähr die Hälfte der zu beseitigenden Endlaugenmenge eingetragen und so lange gewartet, bis sich der Kalk quantitativ umgesetzt hat, d. h. keine Klumpen mehr vorhanden sind (ca. 2—3 Stunden). Diese Behandlung der Endlauge wird zweckmäßig in einem Rührwerk vorgenommen.

Die breiige Masse wird darauf mit der restlichen Menge der Endlauge vermischt und gleichzeitig die Bittersalzlösung hinzugegeben. Die zuerst gebildete Chlorkalziumlauge setzt sich mit dem $MgSO_4$ des Kieserit zu $CaSO_4$ um, und es entsteht durch Bildung von $CaSO_4$ und $Mg(OH)_2$ eine Emulsion, welche am besten unter Anwendung eines Schneckentroges mit dem Löserückstand in dem oben angegebenen Verhältnis gemischt wird. In Behältern mit seitlich angebrachten Mannlöchern erstarrt die Masse in 2—3 Stunden und kann dann in Förderwagen gebracht werden, welche zweckmäßig mit Papier ausgelegt werden oder mit Kohlenasche bestreut sind, um ein Anhaften des Versatzes beim Entleeren der Wagen in der Grube zu vermeiden. Im Laufe der Zeit tritt in der warmen trocknen Grubenluft eine vollständige Erhärtung der Masse ein.“

Mit liebenswürdiger Bereitwilligkeit gestattete mir die Verwaltung die Besichtigung des Verfahrens an Ort und Stelle. Bei dieser Gelegenheit wurde auch ein runder etwa 30—40 cm im Durchmesser fassender Kuchen von etwa 20 cm größter Dicke zerschlagen, welcher einige Wochen vor meiner Besichtigung aus der breiigen Versatzmasse geformt und im Laboratorium aufbewahrt worden war. Hierbei zeigte sich, daß der an der Oberfläche ganz trockene Kuchen erst nach einigen kräftigen Hammerschlägen auseinander fiel; das Gefüge war allerdings nunmehr soweit gelockert, daß die weitere Zerkleinerung mit der bloßen Hand gelang. Im Gegensatz zur Oberfläche erwies sich aber das Innere des Kuchens als noch nicht gänzlich trocken, und zwar nahm die Feuchtigkeit merklich nach der Unterlage hin zu, was beweist, daß die Feuchtigkeit keineswegs auf die Hygroskopizität irgendeines Bestandteiles zurückgeführt werden kann. In diesem Falle hätte wenigstens die Oberfläche ebenfalls feucht sein müssen.

Demnach können wir unser Urteil wie folgt zusammenfassen:

Da der Versatz genügend tragfähig ist, so kann das Verfahren wohl auf Hartsalz- und Sylvenitwerken zur Anwendung kommen, so weit diese eine größere Sulfatfabrikation betreiben, und es nicht gelingt, sämtliche fallenden Laugen wieder in den Betrieb zurückzunehmen.

Anders ist es jedoch hinsichtlich der Carnallitwerke. Schon die Tatsache allein, daß bei einer an sich doch so geringen Stärke von 20 cm eine Absonderung des nicht abgebundenen Wassers nach der Unterlage zu stattgefunden hatte, reicht aus, um von einer Anwendung des Verfahrens, namentlich bei steiler Lagerung, abzusehen.

Aber auch die Menge der Lauge, welche auf die vorgeschlagene Weise beseitigt werden kann, steht mit den Rückstandsmengen in keinem Verhältnis. Um 30 cbm Endlauge zu beseitigen, sind nach S. 32 1280 dz Löserückstand erforderlich. Tatsächlich fallen aber auf 1000 dz Rohsalz entsprechend 600—700 dz Rückstand im Durchschnitt 50 cbm Endlauge. Bei 3000 dz täglicher Verarbeitung könnten also günstigstenfalls $\dfrac{3 \cdot 700 \cdot 30}{1280}$ $= 50$ cbm, also nur ein Drittel der Endlaugen untergebracht werden.

Die Kosten des Verfahrens stellen sich nach den Werkszahlen, da es an Kieserit fehlt und infolgedessen ein höherer Zusatz an gebranntem Kalk erforderlich ist, für den Kubikmeter Endlauge auf

$$\frac{3{,}50 + 5 + 7{,}8 \cdot 1{,}20}{15} = 1{,}20 \text{ M.}$$

Hierbei sind aber noch nicht die Kosten der erforderlichen Behälter und Maschinen, der Betriebskraft, der Arbeitskräfte usw. berücksichtigt.

Zusammengefaßt ergibt sich also, daß auch dieses Verfahren keine Lösung darstellt. Ja es kommt sogar immer noch teurer als die Eindampfung in unmittelbarer Berührung mit den Feuergasen.

Unstreitig einen Fortschritt, wenigstens in der Idee, bedeuten die Patente von Schliephake und Riemann (D.R.P. Nr. 43922) einerseits und Forcke (D.R.P. Nr. 147988) andererseits, indem sie den Chlorgehalt der Endlaugen zur Darstellung von Salzsäure nutzbar machen wollen. Doch gehen sie falsche Wege.

Verfahren von Schliephake und Riemann. Schliephake und Riemann schlagen nämlich vor, einen Teil des zu verarbeitenden Carnallites unter Zusatz von Feldspat oder Granit, also kieselsäurehaltigem Material, im Schachtofen niederzuschmelzen. Hierbei entstehen Chlor und Salzsäure, welche verkauft werden. Die Schmelze wird granuliert, gekocht und mit der Endlauge des anderen Teiles versetzt. Das Endprodukt dieser Arbeiten ist ein Niederschlag von Magnesiumsilikat und eine Lösung von Chlorkalium und Chlornatrium.

Den Kosten dieses Verfahrens nachzugehen ist fast unmöglich, aber man fühlt es ohne weiteres heraus, daß der Aufwand den Erfolg nicht lohnt. Das Heranschaffen von Granit, das Niederschmelzen im Schachtofen mit dem großen Verbrauch an hochwertigem Brennstoff, das abermalige Kochen und all die dazu gehörigen Vorrichtungen lassen jeden Versuch von vornherein gänzlich aussichtslos erscheinen.

Verfahren von Forcke. Forcke faßt in der Patentschrift seine Vorschläge in 3 Ansprüchen zusammen. Nach dem ersten Anspruch will er den getrockneten und zerkleinerten Rückstand mit der Endlauge mischen. Dieser Weg führt, wie wir schon erkannt haben, überhaupt nicht zum Ziel.

Nach dem zweiten Anspruch fügt er jenem Gemisch noch Magnesiumoxyd, MgO, hinzu, das er erst herstellen muß, und welches an sich ein höchst wertvolles Produkt darstellt. 1 kg MgO wird je nach der Reinheit mit 1,1—2,5 M. bezahlt. Also auch dieser Weg ist nicht gangbar.

In dem dritten Anspruch schlägt er endlich vor, das zur Verwendung kommende MgO durch Erhitzen des mit Endlauge angefeuchteten Rückstandes auf die Zersetzungstemperatur des $MgCl_2 . 6\,H_2O$ herzustellen, wobei Chlor und Salzsäure als Nebenprodukt fallen.

So wenig auch an sich gegen den Gedanken einer Verarbeitung des Rückstandes auf HCl und Cl eingewendet werden kann, so ist es doch ohne weiteres einleuchtend, daß es zweckmäßiger ist, die Endlauge auf HCl und MgO zu verarbeiten und den Löserückstand unberührt zu lassen.

Also kann auch dieses Verfahren als Lösung nicht in Betracht kommen.

Wir kommen nun zu der letzten Gruppe der Verfahren, das sind die, welche von einer Unterbringung der Endlaugen unter Tage gänzlich absehen, und diese in hochwertige Erzeugnisse, in Düngemittel, überführen wollen. Es sind dies das durch D.R.P. Nr. 231100 und Nr. 224076 geschützte v. Altensche Verfahren und das Verfahren von Dr. Ißleib, welches zum Patent angemeldet, über den Stand der Vorprüfung aber noch nicht heraus ist.

Verfahren von v. Alten. v. Alten versetzt die Endlauge oder auch die Mutterlauge mit gebranntem Kalk in einer Menge, daß eine krümelige Masse entsteht, der sog. Endlaugen- oder Kalikalk. Nachdem einige Zeit diese Idee, an der, wie wir oben sahen, nur der Verwendungszweck neu ist, viel von sich reden gemacht hatte, ist es jetzt sehr ruhig geworden. Und nach den obigen Ausführungen kann uns das nicht weiter wundernehmen. Die Herstellungskosten stehen eben mit dem Düngewert in keinem Verhältnis. Wie wir sahen, nimmt die Endlauge erst dann die krümelige Gestalt an, wenn der Kalkzusatz auf ein Liter 700 g, oder auf einen Kubikmeter umgerechnet 700 kg beträgt. Das bedeutet aber an Material allein einen Aufwand von $12{,}50 . 0{,}7 = 8{,}75$ M. auf den Kubikmeter, wofür man mehr als einen $^1/_2$ dz reines K_2O erhält.

Die Vermischung mit Kalk kommt also erst dann in Frage, wenn für die gewöhnlichen durch Herabmischen mit Löserückstand, Klärschlamm usw. hergestellten oder für die unmittelbar aus der Grube geförderten Düngesalze keine Abnehmer mehr vorhanden sind. Aber auch dann besteht noch keinerlei Aussicht auf Absatz, da das Eindampfen wesentlich billiger ist.

Dasselbe, nur in noch verstärktem Maße, gilt für das **Verfahren von Ißleib**, welcher gemäß seiner Veröffentlichung in der „Industrie" vom 6. September 1912 das Chlormagnesium durch entwässerte Soda als Magnesiumkarbonat fällen will. Abgesehen aber davon, daß er die Rolle des hierbei entstehenden $NaCl$ übersieht, läßt er die Frage der Gestehungskosten völlig außer acht. Nach seinen eigenen Angaben soll ein Doppelzentner des aus Braunkohle bestimmter Herkunft, Magnesiumkarbonat und Natriumchlorid bestehenden Produktes, von ihm als Humusmagnesia bezeichnet, 2,9 M. zur Herstellung erfordern. Da nun nach den Angaben aus 1200 dz Endlauge, entsprechend rund 90 cbm, 1800 dz der Humusmagnesia entstehen, so fallen auf 1 cbm Endlauge 20 dz der genannten Humusmagnesia. Die Gestehungskosten belaufen sich also auf 1 cbm Endlauge auf sage und schreibe 58 M. gegenüber einem Maximaldurchschnittsgewinn von 10 M. auf den Kubikmeter. Mehr über das Verfahren zu sagen dürfte sich daher nach den obigen Ausführungen wohl erübrigen.

Zusammenfassung. Überblicken wir nun die kritischen Beobachtungen zu den einzelnen Vorschlägen, so ist unverkennbar, daß von den wenigen gangbaren Wegen die Eindampfung den geringsten Aufwand erfordert und den Vorzug unbedingt verdient, seit wir in der Lage sind, ein handliches Chlormagnesium zu erzeugen. Aber darüber hinaus darf nicht vergessen werden, daß bei der Eindampfung keineswegs ein völlig wertloses, wenn auch zurzeit im Überfluß vorhandenes Produkt fällt.

Und dennoch und trotz alledem ist hiermit die Endlaugenfrage nicht gelöst. Zwar erzielen, wie eingangs erwähnt, die in voller Förderung stehenden Werke einen durchschnittlichen Erlös von 5 M. auf den Doppelzentner K_2O, entsprechend 10 M. im Durchschnitt auf 1 cbm anstehendem Salz. Doch leuchtet es ohne weiteres ein, daß dieser verhältnismäßig hohe Durchschnitt auf die wesentlich günstiger dastehenden Hartsalz und Sylvinit bauenden Werke zurückzuführen ist, während die Carnallitwerke erheblich hinter dem genannten Wert zurückbleiben und sich zum Teil mit 2—3 M. pro Doppelzentner K_2O begnügen müssen. Ferner ist zu beachten, daß seit dem Jahre 1899 die auf eine Quote entfallende Förderung ständig zurückgeht, was zur Folge hat, daß die Rente in noch stärkerem Maße sinkt.

So teilten sich 1899 12 Werke entsprechend 12 Quoten in eine Förderung von 24838623 dz und in einen Absatz an K_2O von 48450000 M. Auf 1 Quote entfielen 1899 mithin im Durchschnitt 2070000 dz und 4040000 M. 1902 entfielen dagegen auf 1 Quote schon im Durchschnitt nur 1570000 dz bei 2800000 M. 1905 sind die entsprechenden Zahlen zwar wieder etwas größer, auf 1 Quote entsprechend 1 Werk entfallen 1750000 dz und 2970000 M. Doch 1909 sind die Zahlen weiter auf 1278000 dz und 2147000 M. zurückgegangen und betrugen 1910 bei 69 Werken am Jahresschluß nur 1182428 dz und 2214245 M. Und an dieser rückläufigen Bewegung hat bekanntlich das Reichskaligesetz nichts zu ändern vermocht. Ja, die Art der Einschätzung nach förderfähigen Anlagen hat dazu geführt, daß die alten Werke, welche schon über zwei und mehr Schächte verfügten, doppelte Quoten erhielten, was zu einer Schmälerung der nur 1 Schacht besitzenden neuen Werke führen mußte, und um den Anreiz zu Neugründungen zu unterbinden, auch führen sollte.

Die Folge hiervon war aber, daß, obwohl im Laufe des Jahres 1911 nur 7 Werke hinzutraten (Hadmersleben, Güsten, Weidmannshall, Hallische Kaliwerke, Heringen, Orlas und Niedersachsen), die vom 1. Januar 1912 ab gültige Quotentabelle 94 Quoten aufwies. Auf 1 Quote entfielen mithin Ende 1911 1032609 dz mit 1769787 M. Man kann hieraus ersehen, was für Gewinne einem jungen Carnallitwerk verbleiben, welches einschließlich der Fabrik einen Anlagewert von 5—6 Millionen darstellt.

Doch damit noch nicht genug. Um die Förderziffer wenigstens auf derselben Höhe zu erhalten, die Quote ist nicht zu halten, gingen die Werke dazu über, neue Schächte abzuteufen, ja nicht nur einen, sondern 2 und mehrere zu gleicher Zeit, die sog. Quotenschächte, deren Quoten nach Fertigstellung von dem Mutterwerk übernommen werden.

Da nun natürlich eine solche Maßnahme nur dann Vorteil bringt, wenn sie nicht gleichzeitig auch von den anderen getroffen wird, so muß sich dieser Versuch als ein Schlag ins Wasser erweisen, und als einziges Ergebnis bleibt, daß in dem Maße, wie die Quotentabelle immer länger wird, das Anlagekapital auf den Doppelzentner K_2O steigt, die Rente also sinkt.

Bei diesen Aussichten kann man sich daher mit dem absolut genommen nicht hohen Betrag von 0,74—0,90 M. für die Eindampfung von einem Kubikmeter Endlauge nicht begnügen, und die Versuche, einen anderen Weg zu finden, werden und müssen daher nach wie vor fortgesetzt werden.

Aber in welcher Richtung sollen sich diese bewegen? Wie wir sahen, tritt, wohin wir auch die Blicke lenken, immer der hohe Wassergehalt hindernd in den Weg, der nun mal, gleichviel auf welchem Wege, beseitigt werden muß, und sieht man gar von dem nunmehr als billigsten von allen Vorschlägen erkannten Verdampfen unter Verwendung zu Bergeversatz ab, so ist in der Tat keine Hoffnung vorhanden, die Endlauge unmittelbar wieder dem Bergbau dienstbar zu machen, man man mag sich umschauen, wohin man will.

Können nun aber auch alle Versuche, die Endlaugen als Bergeversatz nutzbar zu machen, wegen der hohen Kosten und der Schwierigkeit, sie als Versatz unterzubringen, nicht als Lösung angesehen werden, so ist damit natürlich noch nicht gesagt, daß die Endlaugenfrage an sich unlösbar ist. Die Lösung liegt eben auf einem anderen Gebiete und besteht, wie uns scheint, einzig und allein in dem Ausbau der alten und dem Aufsuchen neuer Verwendungsgebiete.

Nun mag allerdings eingewendet werden, daß die Mengen, um die es sich hier handelt, so groß sind, daß, wo immer die Endlaugen als Ausgangsmaterial auftreten, eine die Preise drückende Überproduktion die Folge sein muß, die selbst geeignet ist, bestehende blühende Industrien zu gefährden.

Gewiß, die Gefahr liegt vor. Aber heißt denn die Gefahr erkennen, ihr schon unterliegen? Bietet denn nicht gerade im Gegenteil das rechtzeitige Erkennen eine Gewähr dafür, daß auch zur rechten Zeit die Mittel gefunden sein werden?

Doch um was für Mengen handelt es sich hier denn? Die Bestandteile (vergl. S. 6), um derentwillen die Endlauge so sehr angefeindet wird, sind das Magnesium, welches das Wasser verhärtet, und das Chlor, welches, in zu großer Menge vorhanden, das Wasser namentlich zu Genußzwecken ungeeignet macht. Allerdings ist das Chlor nicht in freiem Zustande in der Endlauge enthalten, sondern an Magnesium, Natrium und Kalium gebunden, wobei die Magnesiumverbindungen, wie wir auf S. 6 sahen, von ausschlaggebender Bedeutung sind.

Auf 1000 dz fallen nun, wie eingangs erwähnt, 50 cbm Endlauge, die in einem Kubikmeter neben geringen Mengen an KCl, $NaCl$ und $MgSO_4$ vornehmlich 350 kg $MgCl_2$ enthalten. Da nun im Jahre 1911: 44 416 836 dz Rohcarnallit gefördert worden sind, so ergaben sich für das Jahr 1911 bei 2 221 000 cbm Endlaugen:

$$\frac{44\,416\,836 \cdot 50 \cdot 350}{1000 \cdot 1000} = 777\,300 \text{ t } MgCl_2,$$

entsprechend 578 500 t Chlor und 198 000 t Magnesium oder 1 660 970 t $MgCl_2 \cdot 6\,H_2O$.

Diese Zahlen sind jedoch nicht ganz genau. Zunächst sind die Zahlen etwas zu groß, da in der Zahl für die Rohsalzförderung auch der Bergkieserit mit einbegriffen ist. Doch ist, wie Tafel I erkennen läßt, dieser Fehler in Anbetracht der stets überragenden Carnallitförderung nicht von Bedeutung.

Anders ist es dagegen mit den an Natrium und Kalium gebundenen Chlormengen, namentlich wenn der Kieserit aus dem Löserückstand ausgewaschen wird. In diesem Falle treten nach Ost „Die Kaliwerke im Wesergebiete und die Wasserversorgung von Bremen" auf 1 t Rohcarnallit noch 100 l mit 24 kg $NaCl$ hinzu, so daß außer den 578000 t noch im Höchstfalle $\dfrac{44\,416\,836\,.\,24\,.\,23}{10\,.\,1000\,.\,58{,}45} = 41\,950$ t Cl den Flüssen zugeführt werden. Allerdings ist auch hier zu bedenken, daß nicht alle Carnallitwerke den Kieserit aushalten, so daß wir ohne einen großen Fehler zu begehen, ruhig mit der zuerst ermittelten Zahl von 578500 t Chlor rechnen können, und um so eher, als die 42000 t keine Rolle mehr spielen, wenn es uns erst gelungen ist, für die 578500 t einen Markt zu finden.

Aber ist es denn auch nötig, für die gesamte Menge einen Markt nachzuweisen, oder kann nicht auch schon von einer Lösung der Endlaugenfrage gesprochen werden, wenn es nur gelungen ist, einen erheblichen Teil unterzubringen, sagen wir einen Teil, der den vorhandenen jüngeren Werken, die die Erlaubnis zur Ableitung ihrer Endlaugen nicht erhalten haben, ein wenigstens ehrenvolles Bestehen ermöglicht? Über diese Frage jetzt schon zu streiten, wäre allerdings müßig, wo uns doch noch jeder nähere Anhalt fehlt.

II. Die bisherigen Verwendungszwecke der Kali-Endlauge.

Wenden wir uns daher lieber der zunächst liegenden Aufgabe zu und untersuchen, für welche Waren die Endlauge schon jetzt als Rohstoff dient, wie sich die Absatzverhältnisse dieser Waren in den letzten Jahren gestaltet haben, und inwieweit die einzelnen Märkte einer Ausdehnung fähig sind.

Überblicken wir nun das Wirtschaftsgebiet, so treten aus der nicht unerheblichen Zahl der Waren zwei größere Gruppen deutlich hervor: Es sind dies das Magnesium nebst seinen Verbindungen und die Kunststeine. Diesen beiden Gruppen gelten die folgenden Zeilen.

A. Das Magnesium und seine Verbindungen.

Das Magnesium, Mg, ist ein silberweißes Metall von dem spez. Gew. 1,70 und der Härte 3. Der Schmelzpunkt liegt bei 700—800° C. In trockener Luft bleibt es unverändert, in feuchter Luft dagegen überzieht es sich mit einer allerdings nur oberflächlichen Oxydationsschicht. Es läßt sich hämmern, walzen, zu Draht ziehen, feilen und polieren. Alkalien greifen Magnesium nicht an, doch wird es von verdünnten Säuren leicht gelöst. In Form von dünnem Band oder Pulver verbrennt es mit weißer blendend leuchtender Flamme. Dieser Eigenschaft verdankt das Magnesium seine Verwendung in der Photographie und zu Projektionszwecken.

Abgesehen hiervon begegnet aber auch das Magnesium in seinen Legierungen mit Aluminium und anderen Fremdmetallen gesteigerter Nachfrage. Die Legierungen von Magnesium und Aluminium gehen unter dem Sammelnamen Magnalium. Sie zeichnen sich durchweg durch hohe Politurfähigkeit und Bruchfestigkeit aus, lassen sich ferner löten, vernickeln und vergolden. Der Gehalt an Magnesium bedingt die Härte, die Sprödigkeit und die Politurfähigkeit, und zwar nehmen diese Eigenschaften mit dem Gehalt an Magnesium zu.

Ein Magnalium mit 30 % Mg ist sehr dehnbar, läßt sich gut gießen und sehr leicht bearbeiten. Die Zugfestigkeit eines 10 %igen Magnaliums beträgt 24 kg/qmm, wohingegen Aluminium nur 7 kg, Messing nur 17 kg und Rotguß nur 20 kg aufweisen. Gepreßtes Magnalium erreicht eine Zugfestigkeit von 50 kg/qmm. Die Legierungen mit einem anderen oder mehreren Fremdmetallen bilden das sog. Elektron-Leichtmetall, das eine mittlere Zugfestigkeit von 30 kg/qmm aufweist, bei 15 % Dehnung. Die vorzüglichen Eigenschaften dieser Legierungen haben dazu geführt, daß sich die Nachfrage zuungunsten des Magnaliums neuerdings verschoben hat.

In seinen Legierungen findet das Magnesium Verwendung als Material zu optischen Spiegeln, Präzisionsteilungen, Linsenfassungen, Drehachsen, Uhrrädern, Geschoßzündern, ferner zu Maschinenteilungen in der Elektrotechnik, in der Automobil- und Flugzeugindustrie usw.

Den Vorschlägen, welche darauf hinzielten, das Magnesium wegen seiner Verbrennungswärme in der Sprengstoffindustrie nutzbar zu machen, ist ein durchschlagender Erfolg bisher nicht beschieden gewesen. Es hat dies, wie es scheint, seinen Grund darin, daß die hohe Sprengwirkung ausgeglichen wird durch den hohen Preis des Magnesiums.

Ausgangsmaterial ist das geschmolzene Chlormagnesium und der Carnallit. Aus jenem wird es mittels Elektrolyse gewonnen, aus diesem durch Zusammenschmelzen mit metallischem Natrium.

Die Darstellung aus Carnallit steht zurzeit fast ausschließlich in Anwendung.

Über das Verhältnis von Nachfrage und Angebot, über die einheimische Produktion, Einfuhr und Ausfuhr waren leider nähere Zahlen nicht zu erhalten.

Immerhin darf man mit einer steten Steigerung des Verbrauches rechnen, wenn auch der Verbrauch gegenüber den 200 000 t, welche jährlich dem Meere zugeführt werden, irgend welche Bedeutung nicht besitzt.

1 kg Magnesium in Form von Barren, Stangen und Würfeln kostet[1)]   12 M.

1 „ Magnesiumblech . . . . 25 „

1 „ Magnesium-Band oder -Draht . . . . 30 „

1 „ Magnesiumpulver . . . . 14—18 „

100 „ Rohmagnalium . . . . 295 „

1 „ Magnalium-Blech, Draht- oder Stangen- oder Blockform 4,5—9 „

Die Zollsätze (vergl. Tafel IV) sind, soweit Europa in Frage kommt, mäßig zu nennen. Nur Schweden und Norwegen erheben 15 % vom Wert. Von den anderen Staaten zeigen Japan, Brasilien und die Vereinigten Staaten von Nord-Amerika die höchsten Sätze, und zwar erhebt Japan 20 % vom Wert, Amerika 10 % vom Wert und Brasilien 130 M. auf 100 kg.

Chlormagnesium (Magnesiumchlorid). Das Chlormagnesium oder Magnesiumchlorid ($MgCl_2 . 6\,H_2O$) kommt in drei Formen zur Verwendung: als wasserfreies $MgCl_2$, als geschmolzenes und als kristallisiertes Salz. Das geschmolzene $MgCl_2$ zeigt 47 % $MgCl_2$ bei einem Wassergehalt, der etwas geringer ist, als der Formel entspricht, und enthält 3 % an Verunreinigungen. Das kristallisierte Salz weist dagegen nur etwa 42—45 % $MgCl_2$ auf. Das Chlormagnesium wird aus der Endlauge durch Eindampfen erhalten. Während aber das geschmolzene und kristallisierte Salz in offenen Pfannen bei 158 bezw. 150° C. entsteht, kann das wasserfreie Salz unzersetzt nur im Vakuum dargestellt werden.

Das Magnesiumchlorid dient in den verschiedenen Formen zur Gewinnung von Magnesium, zum Reinigen der bei der Leblancsoda fallenden Salzsäure, zur Darstellung von Chlorbarium, Magnesiumcarbonat, gelegentlich auch zum chlorierenden Rösten von Kiesen und unter den verschiedensten Namen, Formen und Gestalten zum Niederschlagen von Staub.

Ferner findet es Verwendung in der Kälteindustrie als Kälteträger, im Tiefbohrwesen als Spülflüssigkeit innerhalb der Salzlagerstätten, in der Zuckerindustrie als Klärungs- und Neutralisationsmittel bei der Verarbeitung von Zuckersäften, in der Papierfabrikation zum Tränken des Pergamentpapiers als Schutz[2)] gegen die das Papier zerstörenden Einwirkungen von Alkalien, in der Düngerindustrie zum Aufschließen der Phosphate, in der Textilindustrie als Schlichte und zum Geschmeidigmachen der Baumwollenfäden, wofür allein aus Staßfurt und Leopoldshall nach Prof. Erdmann (Lehrbuch der anorganischen Chemie) 15000—20000 t jährlich zum Versand kommen sollen.

Des weiteren dient das Chlormagnesium zum Tränken von Holz gegen Fäulnis und Feuer und bei der Herstellung von Gußasphaltplatten

---

[1)] Diese Zahlen entstammen dem „Auskunftsbuch für die chemische Industrie" von Blücher.

[2)] D. h. nur bei Temperaturen unter 30° C. Mitteilung der Kgl. Materialprüfungskommission 1907.

und ähnlicher Waren zum Ausstreichen der Formen, zur Reinigung der Abwässer der Färbereien, zum Zersetzen von Seifenwasser.

Ferner gelangt es zur Verwendung als Druckflüssigkeit und kann unter Vermischung mit 10 % Glyzerin als Schmiermittel gebraucht werden (D.R.P. Nr. 65582). Die Einwirkung auf Metalle soll nach Dupree jun. (D.R.P. Nr. 84144) durch einen Zusatz von Borax verhindert werden. Auch zur Gewinnung von Bleiweiß kann es nach Dr. Hans Hof und Dr. B. Rinck Verwendung finden (D.R.P. Nr. 227389). Weitere Verwendung und in steigendem Maße findet das Chlormagnesium in der Kunststeinindustrie und zur Herstellung der Magnesiazemente[1]).

Die Verarbeitung des Magnesiumchlorids auf Chlor und Salzsäure, welche in Staßfurt in großem Maßstabe ausgeführt wird, es werden dort jährlich etwa 10000—12000 t Salzsäure erzeugt, scheint dagegen leider zum Stillstand gekommen zu sein, wenigstens wird in der Literatur diese Verarbeitung nicht als gewinnbringend bezeichnet.

So zahlreich nach oben auch die Verwendungsmöglichkeiten sind, so ist der Bedarf an Chlormagnesium, sei es wasserfrei, geschmolzen oder kristallisiert, doch keineswegs bedeutend zu nennen, wenigstens steht er mit den in den ablaufenden Endlaugen enthaltenen Mengen in keinem Verhältnis.

So wurden nach der Reichsstatistik in den Jahren seit 1907 folgende Mengen in Doppelzentnern erzeugt:

1911	1910	1909	1903	1907
367640	322060	315260	297750	328610

Wenn sich nun auch in diesen Zahlen unstreitig ein Anwachsen der Gewinnung wiederspiegelt, und auch für 1912 eine Gesamtsumme von 50000 t erwartet wird, so ist doch andererseits nicht außer acht zu lassen, daß schon einmal im Jahre 1906 die Gewinnung 384680 dz betragen hat, daß also der Verbrauch mit dem Anwachsen der Kaliindustrie keineswegs gleichen Schritt hält.

Und was wollen ferner selbst die 500000 dz besagen, wenn durch die Verarbeitung von Carnallit 1911 allein 16609700 dz erzeugt wurden, wenn also 320000 dz, die einer täglichen Verarbeitung von etwa 6000 dz Carnallit entsprechend, gerade 2 % der Gesamtmenge ausmachen.

Über den Außenhandel an Chlormagnesium besagt die Reichsstatistik leider sehr wenig. In der Ausfuhr wird es mit dem Kalziumchlorid zusammengeführt, und in der Einfuhr tritt als drittes sogar noch das Bittersalz hinzu. Allerdings spielt die Einfuhr der genannten drei Stoffe keine Rolle, sie erreichte 1911[2]) bei 5283 dz nur den Wert von 16000 M. Wir können daher mit Fug und Recht die Einfuhr von Chlormagnesium als gänzlich bedeutungslos betrachten.

---

[1]) Nach Patent 211918 kann es auch Verwendung finden zur Herstellung von Brennstoffbrikets durch Vermischen mit Kohlenwasserstoffen.

[2]) 1912 betrug die Einfuhr 6601 dz.

Die Ausfuhr ist allerdings nicht unbedeutend. Wir sahen schon oben, daß Staßfurt-Leopoldshall allein jährlich etwa 15000—20000 t zum Versand bringt, also etwa 40—50 % der gesamten Erzeugung; doch weiteres wissen wir nicht, da über die Erzeugung und Ausfuhr des in zahlreichen Prozessen als Nebenprodukt fallenden Chlorkalziums jeglicher Anhalt fehlt, und es beruht daher nur auf Schätzung, wenn der Inlandverbrauch zu $^1/_3$ angegeben wird[1]).

Auch der verschiedene Preis kann nicht als Anhalt genommen werden, da gemäß der Brom- und Chlormagnesiumkonvention sich die Preise der genannten Stoffe gegenseitig bestimmen und daher häufig wechseln. Nach Blücher gelten folgende Preise:

100 kg Magnesiumchlorid, techn. geschmolzen . . . . 10 M.
100　„　　　　　„　　　　　　„　kristallisiert . . . . 11 „
100　„　　　　　„　　　　raffin. krystallisiert　 . . . 34 „
100　„　　　　　„　　　　　　„　entwässert　. . . . 44 „
100　„　　　　　„　　　　chem. rein entwässert . . . 80 „
　1　„　　　　　„　　　　　„　　„　wasserfrei . . . 8 „
100　„　　　　　„　　　　Lösung 30° Bé . . . . . 14 „

Gegenüber diesen Zahlen muß jedoch darauf hingewiesen werden, daß nach der Statistik die gesamte Gewinnung an Clormagnesium und Chlorkalzium im Jahre 1910 (vergl. Tafel III) 668000 und 1911: 776000 M. betrug, d. h. also im Durchschnitt nur 2,1 M. pro 100 kg.

Wenn auch die Zahlen keinen tieferen Einblick in den Außenhandel gewähren, so seien doch die betreffenden Einfuhrziffern nach den hauptsächlichsten Ländern geordnet angegeben. Die Ausfuhr an Chlormagnesium und Chlorkalium ging in Doppelzentnern vornehmlich nach folgenden Ländern:

	1911	1910	1909	1908	1907
Großbritannien	85945	56522	52976	63626	82203
Österreich-Ungarn　. . .	72476	60841	55922	46860	44573
Ver. Staaten von N.-Amerika	63741	45833	32969	26663	21183
Frankreich	30934	29260	—	—	—
Rußland (europäisch). . .	37509	30908	—	—	—
Britisch-Indien	40122	26378	—	—	—

Die Zollsätze auf Chlormagnesium sind (vergl. Tafel IV) durchweg mäßig, nur Japan, Brasilien und Rußland machen eine Ausnahme; jene erheben 20 bezw. 25 % vom Werte. Dieses trifft die geringeren Marken sogar mit einem Satz, der 30 % des Wertes fast erreicht. Zweifellos ist der Absatz noch einer gewaltigen Steigerung fähig, wir denken namentlich an die Kunststeinindustrie. Doch Vorbedingung wäre, daß der Markt mit einem mäßigen, sich stetig gleichbleibenden Preise rechnen

---

[1]) 1912 betrug die Ausfuhr von Chlormagnesium, Chlormagnesiumlauge, Chlorkalzium 390801 dz.

könnte. Anderenfalls müssen die Verbraucher immer mehr zum Bezuge der rohen Endlauge übergehen, was allerdings zweifellos auch schon jetzt in hohem Maße geschieht.

Magnesiumkarbonat, $MgCO_3$. Magnesiumkarbonat ist ein in kohlensäurefreiem Wasser schwer lösliches Salz. Es findet sich in der Natur als Magnesit. Bekannt sind die Lagerstätten in Steiermark und Griechenland, hier namentlich die Insel Euböa, welche fast ausschließlich den deutschen Bedarf decken. Da jedoch das natürliche Magnesiumkarbonat infolge der mehr oder weniger hervortretenden Verunreinigungen für viele Zwecke nicht brauchbar ist, so tritt neuerdings das künstliche Magnesiumkarbonat immer mehr in den Vordergrund.

Das natürliche Salz, der Magnesit, dient zur Gewinnung der Kohlensäure und des Magnesiumoxydes, das neben dem Magnesit in der Kunststeinindustrie in größeren Mengeu verwendet wird.

Das künstliche Magnesiumkarbonat ist dagegen geschätzt als Arzneimittel, als Farbenfüllungsmittel, ferner dient es zur Herstellung der Zahn- und Putzpulver und des Magnesiumoxydes. Besondere Wichtigkeit hat es aber erlangt bei der Pottaschefabrikation nach dem Engel-Prechtschen Verfahren.

In den Vereinigten Staaten von Nord-Amerika dient das natürliche Magnesiumkarbonat ferner als Wärmeschutzmasse und zur Herstellung von Platten, welche in der Lithographie an Stelle des Schiefers Verwendung finden.

Ausgangsstoffe des künstlichen Magnesiumkarbonates sind Dolomit, Magnesit, das Magnesiumoxyd in Verbindung mit Natriumbikarbonat, namentlich aber das Chlormagnesium der Endlaugen. Für sämtliche der genannten Stoffe sind zahlreiche Verfahren angegeben worden, deren Aufführung jedoch an dieser Stelle zu weit führen würde[1]).

Das natürliche Magnesiumkarbonat wird nach dem Gehalt an MgO gehandelt, wobei jedoch unberücksichtigt bleibt, ob das Magnesiumoxyd noch wirkungsfähig oder ob es an Kieselsäure oder Schwefelsäure gebunden ist. Im Durchschnitt erzielt ein Doppelzentner des eingeführten natürlichen Salzes nach der Statistik (vergl. Tafel III) einen Preis von etwa 4,25 M., das zur Ausfuhr kommende Salz wird dagegen mit 15,60 M. pro Doppelzentner bezahlt. Dieser an sich sehr bedeutende Unterschied hat wohl seine Ursache darin, daß die Statistik das natürliche Magnesiumkarbonat und Magnesiumoxyd nicht getrennt aufführt, sondern zusammenfaßt, und daß bei der Einfuhr das natürliche Karbonat, bei der Ausfuhr dagegen das Oxyd und künstliche Karbonat überwiegt.

Bezüglich des künstlichen Magnesiumkarbonates macht Blücher folgende Angaben:

---

[1]) Näheres findet man jedoch in den Handbüchern der chemischen Technologien von Dammer und Ost.

100 kg Magnesiumkarbonat, chemisch rein, leicht in Stücken   53 M.[1]
100 „   „   „   „   „   „ Pulver. 55 „
100 „   „   technisch schwer . . . . . .   60 „
100 „   „   chemisch rein, schwer . . . . 150 „

Bezüglich der Ein- und Ausfuhr des natürlichen und künstlichen Magnesiumkarbonates gilt folgendes:

Die Einfuhr des künstlichen Magnesiumkarbonates hält sich seit Jahren in bescheidenen Grenzen bei einem Wert von 47 M. für den Doppelzentner. Allerdings ist eine steigende Tendenz unverkennbar. So gelangten 1909 und 1911 erheblich größere Mengen zur Einfuhr als in den früheren Jahren[2]. Demgegenüber ist die Ausfuhr in kräftigem ununterbrochenem Aufstieg begriffen. So gelangten 1910 schon 7344 dz zur Ausfuhr bei einem Gesamtwert von rund 300000 M. gegenüber 1430 dz im Jahre 1907[3]. Allerdings erreicht der für den Doppelzentner gezahlte Preis nur 42,3 M.

Gerade umgekehrt verhält es sich mit dem natürlichen Magnesiumkarbonat. Hier überwiegt die Einfuhr die Ausfuhr, und zwar um Hunderttausende von Doppelzentnern und zeigt in den Jahren 1910 und 1911 geradezu sprunghafte Steigerungen, die den Gewinn während des ganzen Zeitraumes von 1907—1910 übersteigen. Im ganzen stieg die Einfuhr von 308570 dz im Jahre 1907 auf 479301 dz im Jahre 1911[4] bei einem Wert von über 2 Mill. Mark, während die sich im übrigen während der zum Vergleich herangezogenen 5 Jahre nahezu gleichbleibende Ausfuhr einen Wert von 714000 M. erreicht.

Die betreffenden Zahlen des natürlichen und künstlichen Magnesiumkarbonates für 1911 zusammengenommen ergeben dem Werte nach eine Einfuhr von 2080000 M. und eine Ausfuhr von 1014000 M.

Die Aus- und Einfuhr verteilt sich auf 1000 dz wie folgt:

Künstliche Magnesia.

Einfuhr:

	1911	1910	1909	1908	1907
Niederlande . . .	984	922	690	29	—
V. St. v. Amerika	370	732	710	94	—
Griechenland . .	—	—	—	98	10
Großbritannien . .	—	—	—	113	149

---

[1] Im Januar 1913 wurden nur 43—45 M. bezahlt.
[2] 1912 dagegen wieder nur 1061 dz; vergl. im übrigen Tafel III.
[3] 1912 gelangten 8308 dz zur Ausfuhr.
[4] Für 1912 sind die Zahlen für die Einfuhr 690643 und für die Ausfuhr 69115 dz.

Ausfuhr:

	1911	1910	1909	1908	1907
Frankreich . . .	1329	733	—	—	—
Großbritannien. .	1747	1281	989	826	311
Österreich-Ungarn	1452	970	695	691	29
Europ. Rußland .	581	383	635	486	—
Spanien	900	630	—	—	—

Natürliches Magnesiumkarbonat.

Einfuhr:

Griechenland . .	242593	166320	137800	143495	120874
Österreich-Ungarn	194439	166023	121784	106042	132484

Ausfuhr:

Großbritannien. .	10400	3642	—	—	—
Österreich-Ungarn	16284	17074	14044	14318	3465
Europ. Rußland .	—	—	4819	6071	12983

Im Gegensatz zu dem künstlichen Magnesiumkarbonat ist die natürliche Magnesia in fast allen größeren Staaten zollfrei. Eine Ausnahme machen nur Rußland, Spanien und Mexiko. Ihren Fortfall zu wünschen, hat die deutsche Industrie aber naturgemäß keinen Anlaß, da sie nur das künstliche Salz zu liefern vermag.

Die Zollsätze für das künstliche Salz erreichen dagegen ganz bedeutende Werte. Hier stehen an der Spitze Italien, das unbekümmert um die Reinheit 25 Lire erhebt, also nahezu 40 $^0/_0$ vom Wert der geringsten Marke, und Brasilien, welches sogar 52 M. von jedem eingeführten Doppelzentner für sich in Anspruch nimmt. Aber auch die Vereinigten Staaten von Nord-Amerika dürfen hier nicht unerwähnt bleiben, da sie für das medizinischen Zwecken dienende Salz bis 64,75 M. pro Doppelzentner erheben. Die anderen Staaten bleiben zum Teil recht erheblich hinter den genannten Sätzen zurück, so Spanien, Frankreich und andere mehr.

Überblicken wir noch einmal das Ganze, so können wir sagen, daß der Markt für das künstliche Karbonat durchaus günstig ist. Ihm fällt die Aufgabe zu, die natürliche Magnesia zurück zu drängen, und nicht nur vom einheimischen Markt. Zustatten kommt ihr dabei, daß sie infolge der hohen Reinheit zu jeglichem Zwecke verwendet werden kann. Zu wünschen wäre nur, daß es gelänge, die genannten drei Staaten zu einer Ermäßigung der hohen Zollsätze zu bewegen.

Magnesiumoxyd. Das Magnesiumoxyd (MgO), auch gebrannte Magnesia genannt, ist ein mehr oder weniger dichter, blendend weißer, asbestartig glänzender, schwer zerreiblicher Körper, welcher zumeist in Pulverform in den Handel kommt. Kristallisiert als Periklas besitzt er die Härte 6.

Das Magnesiumoxyd wird als basisches Futter im Konverter und im Martinofen bei der Stahlerzeugung verwendet. Es dient ferner zur Herstellung feuerfester Gefäße und in Verbindung mit freier Kohlensäure zur Gewinnung von Pottasche (K_2CO_3) aus Chlorkalium (KCl). Des weiteren wird es in großen Mengen bei der Kunstfabrikation und zur Herstellung der Magnesiazemente verwendet, aber auch zu Ziegeln, Klinkern, Röhren usw. verarbeitet. Der Glühstift des Nernstlichtes besteht ebenfalls aus MgO. Überdies dient es noch zur Darstellung von künstlichem Magnesiumhydroxyd, $Mg(OH)_2$, und zur Gewinnung von Chlor und Salzsäure in Verbindung mit Chlormagnesium.

Das Magnesiumoxyd wird aus dem natürlich vorkommenden Magnesiumkarbonat, dem Magnesit, der in größeren Mengen in Steiermark und Griechenland, Euböa-Magnesit, gefunden wird, und dem Chlormagnesium gewonnen. Bei der Gewinnung aus Magnesit fällt es als Nebenprodukt neben der Kohlensäure, bei der Darstellung aus dem Magnesiumchlorid erhält man als Hauptprodukt Salzsäure, doch tritt neuerdings bei der gesteigerten Nachfrage nach Magnesiumoxyd die Gewinnung der Salzsäure in den Hintergrund. Ferner wird Magnesiumoxyd aus der Chlormagnesiumlauge durch Umsetzen mit Kalkmilch $Ca(OH)_2$ gewonnen, wobei allerdings nur ein Produkt von höchstens 95 $^0/_0$ MgO fällt.

Da die natürliche gebrannte Magnesia nicht selten stark verunreinigt ist durch Kieselsäure, Ton und andere Bestandteile, so wird namentlich bei der Herstellung der Magnesiazemente und der Kunststeine immer mehr die aus dem Magnesiumchlorid selbst gewonnene Magnesium bevorzugt, das neben dem feinen Korn über einen hohen Grad der Reinheit (bis zu 99 $^0/_0$) verfügt.

Über das Verhältnis von Nachfrage und Angebot auf dem einheimischen Markte, sowie über die Produktion, Einfuhr und Ausfuhr, läßt die Reichsstatistik genaueres nicht erkennen, da das aus Magnesiumchlorid gewonnene künstliche MgO von dieser überhaupt nicht erfaßt wird. Aber auch das durch Magnesit dargestellte MgO wird nicht gesondert aufgeführt, sondern mit dem Magnesit selbst in Position 227 c zusammengefaßt.

Geht man allerdings von der Annahme aus, daß sämtlicher zur Einfuhr kommender Magnesit auf Magnesiumoxyd verarbeitet wird, so ergibt sich für die letzten 5 Jahre eine außerordentliche Steigerung, die wohl lediglich dem Aufschwung der Steinholzdarstellung zuzuschreiben ist.

Wie aus Tafel III und Anmerkung S. 44 hervorgeht, betrugen die betreffenden Zahlen 1907 und 1912 308570 bezw. 690643 dz.

Über die Zollsätze gibt Tafel IV Auskunft. Sie zeigt, daß seitens der europäischen Staaten die höchsten Sätze von Italien, Frankreich und Spanien erhoben werden, denen sich von den anderen Staaten nur noch Brasilien mit nahezu 20 $^0/_0$ des Wertes anschließt.

Über die im Inland geltenden Preise macht Blücher folgende Angaben:

100 kg Magnesiumoxyd, gebrannt, techn. leicht . . . . 130 M.
100 „ „ „ „ schwer . . . . 110 „
100 „ „ chemisch rein, sehr leicht . . . . . 160 „
100 „ „ „ „ schwer . . . . . . 250 „
100 „ „ „ „ für Arzneizwecke . . . 190 „

Die Aussichten für eine stetig sich steigernde Nachfrage sind nicht ungünstig[1]). Ja man darf hoffen, daß es dem aus dem Magnesiumchlorid gewonnenen Magnesiumoxyd gelingen wird, die gebrannte Magnesia wenigstens vom einheimischen Markt zu verdrängen. Für eine größere Ausfuhr sind die hohen Zollsätze von Italien, Frankreich und Spanien nicht günstig. So bezieht Italien nachweislich größere Mengen Magnesiumchlorid, das erst an Ort und Stelle in Salzsäure und Magnesiumoxyd übergeführt wird.

Es wäre wünschenswert, wenn bei Erneuerung des Zolltarifes die genannten Staaten zur Ermäßigung ihrer Sätze veranlaßt werden könnten.

Magnesiumhydroxyd, $Mg(OH)_2$. Das Magnesiumhydroxyd kommt in der Natur als Bruzit vor. Aus Magnesiumsalzlösungen fällt es als weißer Niederschlag und entsteht unter anderem auch bei Anrühren von MgO mit Wasser. Die Eigenschaft, Wasser zu binden, zeigen allerdings nur die Oxyde, welche aus $MgCl_2 \cdot 6 H_2O$, $Mg(NO_3) \cdot 6 H_2O$ und $MgCO_3$ hervorgehen. In dünner Schicht aufgetragen, ist es durchscheinend und kristallinisch. Es zieht aus der Luft nur wenig Kohlensäure an und läßt sich noch bei 100^0 C. ohne Wasserverlust trocknen.

Es dient zur Fettverseifung und Fällen von Chromhydroxyd in der Farbenbereitung sowie zur Herstellung der Magnesiahypochloride, welche in der Bleicherei Verwendung finden. Ferner zur Gewinnung einer gießbaren Masse[2]), wobei das Magnesiumhydroxyd aus einer Lösung von Bittersalz und glaubersalzhaltigem Natriummonosulfit in flockiger Form ausfällt und um so gelatinöser und plastischer ist, je länger es im feuchten Zustand verbleibt. Der gereinigte und ausgewaschene Niederschlag wird schließlich mit schärfst gebranntem Magnesiumoxyd, Magnesiumkarbonat, Sand und Farbstoffen versetzt und kann so vergossen oder verstampft werden.

Abgesehen von dem letzten Verwendungszweck, wo das Magnesiumhydroxyd erst im Augenblick der Verwendung aus einer Lösung ausgefällt wird, ist neben den oben genannten festen Oxyden der Magnesiumsalze hauptsächlich das Magnesiumchlorid selbst als Ausgangspunkt für die Herstellung des $Mg(OH)_2$ zu nennen. Aus $MgCl_2 \cdot 6 H_1O$ erhält man es durch Umsetzen mit Kalkmilch, wobei es als gelatinöse, schwer zu

---

[1]) Der Markt zeigt in der Gegenwart ein ständiges Anziehen der Preise, so daß es schon als vorteilhaft bezeichnet wird, Steinholzabfälle auf MgO zu verarbeiten; Januar 1913 wurden pro Doppelzentner 120—175 M. bewilligt.

[2]) Vergl. Chem. Ztg. 1911, S. 50 (Patent Tappert Nr. 229766).

reinigende Masse fällt. Um die Reinigung zu erleichtern, schlägt J. S. Th. Schloesing (franz. Patente Nr. 426874 und 426875) vor, entweder zur genügend verdünnten Lösung pulverisierten Ätzkalk und Chlornatrium zuzusetzen oder die Lösung vor, während oder nach dem Zusatz des Kalkes auf 100° C. zu erwärmen.

Da die Statistik das Magnesiumhydroxyd nicht zum Gegenstand ihrer Erhebungen gemacht hat, so kann über die wirtschaftliche Bedeutung Näheres nicht ausgesagt werden. Eine größere Bedeutung scheint ihm allerdings zurzeit auch noch nicht zuzukommen. Wenigstens konnte über den Preis nichts in Erfahrung gebracht werden.

Sonstige Magnesiumsalze. Außer den genannten finden aber noch eine ganze Reihe anderer Magnesiumsalze im Wirtschaftsleben Verwendung.

1. So das Magnesiumnitrat, $Mg(NO_3)_2$, welches aus Magnesiumoxyd und Salpetersäure gewonnen wird. Das Salz ist an feuchter Luft zerfließlich und löst sich in Alkohol. Es findet Verwendung bei der Herstellung von Gasglühlichtkörpern und dient hier zur Festigung der Köpfe. Das in der Gasglühlichtindustrie verwendete $Mg(NO_3)_2$ wird mit 200 M. pro 100 kg bezahlt, das andere erzielt Preise von 90—100 M.

2. Das Magnesiumacetat, $Mg(C_2H_3O_2)_2$, welches aus Magnesiumkarbonat dargestellt wird. Je nach Reinheit werden 100 kg mit 75—390 M. bezahlt. Es wird in der Chirugie gebraucht.

3. Das Magnesiumborat, $Mg_3B_2O_6 \cdot H_2O$. Es wird aus Magnesiumsulfat und Magnesiumoxyd gewonnen. 100 kg kosten je nach Reinheit 145—240 M.

4. Das harzsaure Magnesium. Ausgangsprodukt ist das Magnesiumoxyd und Magnesiumkarbonat. Das chemisch reine Salz wird mit 5 M. das Kilogramm bezahlt, das andere dagegen nur mit 0,57—1,10 M. Es dient zur Herstellung von Lack und Siegellack.

5. Das Magnesiumoleat (ölsaure Magnesia). Es wird aus Magnesiumoxyd und Magnesiumkarbonat hergestellt. Das gewöhnliche Salz erzielt pro Kilogramm 1,35—4,50 M., das chemisch reine dagegen 10 M. Es findet Verwendung in der chemischen Wäscherei und wird zur Verhinderung der Selbstentzündlichkeit dem Benzin zugesetzt.

6. Das Magnesiumsuperoxyd, MgO_2. Man gewinnt es aus Magnesiumsulfat durch Umsetzung mit Natriumsuperoxyd. Ferner entsteht es bei der Elektrolyse von Chlormagnesium bei Gegenwart von Wasserstoffsuperoxyd usw. 1 kg kostet 28—37 M. Es findet Verwendung zum Bleichen und in der Medizin zur Herstellung von Wundsalben.

7. Das Magnesiumperhydrol. Es ist ein 15 %iges Magnesiumsuperoxyd, das ausschließlich in der Medizin zur Anwendung gelangt. Je nach dem Gehalt an MgO_2 wird ein Kilogramm mit 25—35 M. bezahlt.

8. Das Magnesiumphosphat, $MgHPO_4 . 7 H_2O$, Ausgangsprodukt ist das Magnesiumsulfat. Entsprechend der Reinheit und dem Wassergehalt werden für 100 kg 76—300 M. bewilligt.

9. Das Magnesiumsilikat. Es ist zwar in vielen Gesteinen enthalten, doch wird es auch künstlich dargestellt, und zwar aus Magnesiumsalzlösungen und Natronwasserglas. Je nach Reinheit werden 100 kg mit 25—600 M. bezahlt. Es findet Verwendung in der Ölbleiche.

10. Das Magnesiumsulfit, $MgSO_3 . 6 H_2O$. Die Gewinnung geht von dem Karbonat und Sulfat aus. Flüssiges Salz erzielt auf 100 kg 60 M., festes Salz aber 88—300 M.

11. Das Magnesiumthiosulfat, MgS_2O_3. Man stellt es dar durch Einwirkung von Calcium- oder Natriumthiosulfat auf Magnesiumsalze. 1 kg kostet 3—4,5 M.

12. Das Magnesiumzitrat, $Mg_3(C_6H_5O_7)_2$. Es entsteht beim Übergießen von Magnesiumkarbonat mit Zitronensäure. 1 kg erzielt einen Preis von 4,25 M. Es findet Verwendung in der Medizin.

13. Magnesiumhyperchlorid, $Mg(OCl)_2 . Mg(OH)_2$, auch Magnesiumbleichflüssigkeit genannt. Man erhält es durch Umsetzen von Chlorkalk mit Magnesiumsulfat. Es ist leichter zersetzlich als Chlorkalk und bleicht daher schneller. 100 kg der Lösung kosten 24 M.

14. Ferner wäre als Magnesiumsalz noch die sog. „Kalimagnesia", das Kaliummagnesiumsulfat, $MgK_2(SO_4)_2 . 6 H_2O$, zu nennen, welchem bekanntlich eine außerordentliche wirtschaftliche Bedeutung zukommt. Doch beruht einerseits der Wert nicht auf dem Magnesium- sondern auf dem Kaliumgehalt und zudem gelangt bei der Herstellung nur das als Kieserit in den Salzlagerstätten vorhandene Magnesiumsulfat zur Verwendung; endlich gibt aber seine Herstellung selbst Veranlassung zur Bildung chlormagnesiumhaltiger Endlaugen.

15. Den Beschluß dieser Aufzählung hat das Bittersalz zu machen, welches aus dem Kieserit des Löserückstandes genommen wird. Zu dem Chlormagnesium der Endlauge steht es zurzeit in keinerlei Beziehung, obwohl es nicht als ausgeschlossen bezeichnet werden kann, daß in späterer Zeit bei steigender Sulfatfabrikation der Kieseritgehalt der Salzlagerstätten nicht ausreicht, um den Bedarf an Bittersalz zu decken.

Magnesiumsulfat, Bittersalz ($MgSO_4 . 7 H_2O$). Das Bittersalz ist ein farbloses Salz von äußerst bitterem Geschmack. Es wird vornehmlich aus dem bei der Chlorkaliumgewinnung aus Carnallit und Silvinit (Hartsalz) in den Rückständen verbleibenden Kieserit $MgSO_4 . H_2O$ durch Aufschließen in Wasser gewonnen. Aber auch bei der Verarbeitung von griechischem Magnesit auf Kohlensäure fällt viel marktfähiges Bittersalz.

Früher, in Östreich-Ungarn wohl auch jetzt noch, wurde es aus den Mutterlaugen der Sole gewonnen (vergl. Fürer, Salzbergbau und Salinenkunde, S. 999 ff.). Es dient bei der Sulfatfabrikation zur Darstellung von

Kaliumsulfat, ferner zur Gewinnung von Bariumsulfat und Glaubersalz. Des weiteren findet es Verwendung beim Appretieren baumwollener Gewebe[1]), zum Weißfärben der Wolle, zum Fixieren gewisser Anilinfarben in der Färberei, zur Zersetzung des Chlorkalkes in der Bleicherei, zur Herstellung der Magnesiableichflüssigkeit. Ferner gebraucht man es zum Beschweren der Seide, als Füllmaterial in der Papierbereitung, als Flammenschutzmittel leicht entzündlicher Gewebe. Besondere Bedeutung besitzt es noch als Arzneimittel. In der Sprengstoffindustrie fand es früher Verwendung bei der Herstellung der Wetterdynamite, die allerdings zurzeit keine größere Bedeutung mehr im Bergbau besitzen. Es kosten nach Blücher:

100 kg Magnesiumsulfat, gerein., techn. krist. . . . . 6,5 M.
100 „   „   dopp. gerein., krist. . . . . 13,5 „
100 „   „   „   „   „ entwässert . . . 22   „
100 „   „   chemisch rein, krist. 19   „
100 „   „   „   „ entwässert, D. A. IV . 28   „
1 „ Magnesiumbisulfat 6   „

Die Gewinnung an Magnesiumsulfat stellt sich nach der deutschen Reichsstatistik in Doppelzentnern wie folgt:

1911	1910	1909	1908	1907
551790	573140	538120	429770	411050

Davon gelangten zur Ausfuhr — die Einfuhr spielt keine Rolle —:

213536	182996	168868	134437	135473

so daß sich der einheimische Bedarf in den genannten Jahren beziffert auf:

338254	390144	369252	295333	275577

Nach der Statistik erzielte 1911 ein Doppelzentner im Durchschnitt 4,64 M., was wohl darauf zurückzuführen ist, daß immer noch ein großer Teil als Rohsalz zum Versand kommt. Im übrigen befindet sich sowohl der Inlands- wie der Auslandsmarkt in erfreulicher Entwicklung[2]).

Die Ausfuhr erstreckte sich vornehmlich auf folgende Länder:

	1911	1910	1909	1908	1907
Frankreich	36133	28921	35631	23530	24350
Großbritannien . . .	32515	7299	—	—	—
Britisch-Indien . . .	30909	27790	27129	18781	32354
V. St. v. N.-Amerika .	—	—	33513	24885	20084

Von diesen erhebt nur Amerika[3]) einen Zoll von 4,63 M. pro Doppelzentner auf Salz, das medizinischen Zwecken dient, im übrigen läßt es das Salz, wie Frankreich und Großbritannien, frei. Den höchsten Zoll überhaupt erhebt Östreich-Ungarn mit 6,12 M. pro 100 kg (vergl. Tafel IV).

---

[1]) Fadenscheinigen Geweben gibt $MgSO_4 . 7H_2O$ ferner einen Seidenglanz, der allerdings nach der ersten Wäsche wieder verschwindet.

[2]) 1912 betrug die Ausfuhr 222206 dz und der im Januar 1913 gezahlte Preis 4,25—4,50 M.

[3]) Ver. Staaten von Nordamerika.

B. Die Magnesiakunststeine.

Ihre Herstellung, Eigenschaften und Verwendung. Die Herstellung künstlicher Steine ist durchaus nicht erst eine Errungenschaft der Neuzeit, sondern reicht weit in das Altertum zurück, es sei nur an das Terrazzo der Römer erinnert. Die Erkenntnis allerdings, daß aus der Mischung von Magnesiumoxyd und Magnesiumchloridlösungen ein Körper entsteht, welcher nicht nur für sich, sondern auch unter Zugabe anderer Stoffe zur Herstellung von Kunststeinen benutzt werden kann, die noch dazu die aus Kalk, Zement und Gips als Bindemittel gewonnenen Kunststeine an Festigkeit übertreffen, diese Erkenntnis stammt erst aus dem Jahre 1867 und ist mit dem Namen S o r e l verknüpft.

Die Mischung, deren Bestandteile im übrigen in wechselnden Verhältnissen verwendet werden können, heißt Magnesiazement. So wird zur Darstellung des nach dem Entdecker benannten Sorelzementes eine Chlormagnesiumlauge von 30—40 $^0/_0$ benutzt, während die gewöhnliche unter dem Namen „Magnesiazement" gehende Mischung von einer 30—31 $^0/_0$ igen Chlormagnesiumlösung ausgeht.

Die chemische Zusammensetzung des erhärteten Zementes ist noch nicht geklärt. Die bekannt gewordenen Analysen gehen weit auseinander und schwanken zwischen $MgCl_2 . 2 MgO . 9 H_2O$ und $MgCl_2 . 10 MgO . 18 H_2O$. Nach Prof. O s k a r S c h m i d t - Stuttgart[1]) soll sich die widerstandsfähigste Mischung der Zusammensetzung $MgCl_2 . 7—9 MgO$ nähern.

Die Erhärtung der Mischung dauert, je nachdem ob das zur Verwendung kommende MgO aus natürlichem Magnesit ($MgCO_3$) oder $MgCl_2$ gewonnen worden ist, kürzer oder länger und erreicht z. B. in der Zusammensetzung 100 Teile MgO und 50 ccm Chlormagnesiumlauge von dem spez. Gewicht 1,152 nach K r i e g e r[2]) eine Zugfestigkeit von 31,7 kg. Wie schon auf S. 46 erwähnt, tritt an Stelle der natürlichen Magnesia immer mehr die aus $MgCl_2$ gewonnene, welche gegenüber dem Nachteil einer längeren Abbindezeit wegen der hohen Reinheit bei sich nur wenig verändernder Zusammensetzung und dem feinen Korn für die Kunststeindarstellung unbedingt den Vorzug verdient.

Die Mischungen sind schlechte Schall- und Wärmeleiter, lassen sich leicht bearbeiten und haben sich alle als frost-, feuer- und bis zu einem gewissen Grade auch als wasserbeständig erwiesen, doch darf infolge der Hygroskopizität der Gehalt an freiem, ungebundenem $MgCl_2$ eine bestimmte Grenze nicht überschreiten, welche sich etwa bei 4—5 $^0/_0$ befindet. Diese zu beachten, ist allerdings bei Verwendung von natürlicher Magnesia und bei der Beurteilung der Lauge nach dem spez. Gewicht nicht gut möglich; man hat daher, um die Hygroskopizität zu beseitigen, mannigfache Vorschläge gemacht. So wird empfohlen, die Oberfläche mit Paraffin zu behandeln oder mit Leinöl zu bestreichen unter Einmischen von Blei-

---

[1]) Tonindustrie-Ztg. 1911, S. 181 ff.
[2]) Deutsche Chemiker-Ztg. 1910, S. 257.

4*

glätte in den Zement. Ferner wird vorgeschlagen, die Mischung von Magnesiumoxyd und Chlormagnesiumlösung mit Wasserglas zu behandeln oder nach Prof. Eberhard-München (D.R.P. Nr. 245165) mit Bleichromat in alkoholischer Kalilauge zu tränken, wobei wasserfreies und wasserunlösliches Magnesiumchromat und Bleichlorit entsteht.

Ferner hat man versucht, chlorfreie Magnesiazemente herzustellen, indem man an Stelle des Chlormagnesiums Magnesiumsulfat zur Anwendung brachte, doch erreichen derartig zusammengesetzte Zemente nicht die gleiche Zugfestigkeit. Die Versuche, nach dieser Richtung hin vorwärts zu kommen, scheinen vollends aufgegeben worden zu sein.

Aber die Hygroskopizität ist nicht der einzigste Nachteil, der dem Magnesiazement und den aus diesem hergestellten Kunststeinen nachgesagt wird. Es ist noch die geringe Raumbeständigkeit zu nennen, welche ihre Ursache darin hat, daß das MgO bei Gegenwart von Kohlensäure leicht in Magnesiumkarbonat übergeht, wobei ein Treiben bis zum Zerfall, ähnlich wie bei zu fettem Beton, eintreten kann. Durch richtige Wahl in ausreichender Menge zugesetzter Füllstoffe hat man jedoch gelernt, beide Übelstände vollends zu beseitigen.

Trotz der genannten sich in der Praxis gelegentlich immer wieder bei nicht genügender Vorsicht zeigenden Mängel hat jedoch der Magnesiazement schon jetzt ein weites, sich ständig noch erweiterndes Anwendungsgebiet gefunden, namentlich in Vermischung mit anderen Körpern, seien sie organischer oder anorganischer Herkunft. So werden als Grundmasse verwendet: Kork, Sägespäne, Lohe, Holzmehl, Talg, ferner Sand, Asche, Steinmehl, Ton, Asbest, Kieselgur, Farbstoffe und andere Stoffe, und demgemäß tragen alle diese durch Patent, Musterschutz und Warenzeichen mehr oder weniger geschützten Mischungen andere hochklingende und doch nichtssagende Bezeichnungen.

So wird Steinholz (Xylolith) aus Magnesiumoxyd und einer 30 %igen Chlormagnesiumlösung unter Beimischen von Sägespänen und Holz bei Anwendung hohen Druckes hergestellt[1]). Es wird verwendet zu Fuß-

---

[1]) Nach den Ausfertigungen Nr. 5824—5839 der königlichen Prüfungsstation für Baumaterialien in Berlin gelten z. B. für Xylolith [Deutsche Xylolith-(Steinholz-)Fabrik] folgende statische Daten:

Zugfestigkeit pro Quadratzentimeter:

Lufttrocken	251 kg
Wassersatt	162 „
Ausgefroren an der Luft	193 „
Ausgefroren unter Wasser	183 „
Mit Leinölfirnis gesättigt	265 „
Desgl. nach vorhergehender Trocknung . .	276 „

Druckfestigkeit pro Quadratzentimeter:

Lufttrocken	854 kg
Wassersatt	749 „
Ausgefroren an der Luft	775 „

böden, Trittstufen, Tisch- und Arbeitsplatten sowie zu Wandbelägen. Es wird nach Quadratmeter gehandelt und erzielt pro Quadratmeter Preise von 14,5—18 M.

Magnesitplatten sind 1—3 cm starke feuersichere Platten, welche aus Magnesiumoxyd, Chlormagnesium, Sägespänen, Asche, Koks und Sand bestehen. In der Mitte befindet sich Sackleinewand, welche von der nicht brennenden Masse umschlossen wird. Sie dient zur Herstellung feuersicherer Scheidewände, zur Bekleidung der Unteransichten von Holztreppen sowie zu Außenmauern provisorischer und transportabler Gebäude, wobei die Platten angeschraubt werden.

Torgament ist eine Masse aus Magnesiumoxyd, Chlormagnesium und Sägespänen und wird auf einer Unterlage von Holz, Beton oder Stein als Fußboden (Estrich) aufgetragen.

Cajalith (Magnesiazementstein) ist eine Mischung von MgO und natürlichen Gesteintrümmern mit einer 30 %igen Chlormagnesiumlösung. Die Masse bindet schnell ab und dient zu Bildsteinen.

Tepolith ist eine Mischung aus Calciumsulfat, kohlensaurem Kalk, Sand und künstlichem Magnesiumoxyd.

Tekton besteht aus Magnesiumoxyd, Chlormagnesium, und erhält Holzeinlagen, welche ähnlich den Eisenstäben im Eisenbeton die Zugbeanspruchungen aufnehmen sollen.[1]

Hierhin gehören ferner der Papierstein, das Linothol und zahlreiche andere Mischungen, deren Aufzählung hier zu weit führen würde. Darüber hinaus finden aber noch die Magnesiazemente Anwendung zur Herstellung von Luxusgegenständen, Schnitzwerken, künstlichem Elfenbein, Fensterbänken, Wagenrädern, Bremsklötzen, Billardkugeln, Stuckwaren, Steinbaukästen, als Kitt für Metall und Glas, wozu sie sich vorzüglich eignen sollen.

Endlich sei noch erwähnt, daß sie zum Abdichten der Schächte bei salzhaltigen Wassereinbrüchen dienen und hierbei dem Bergmann unschätzbare Dienste leisten.

Ausgefroren unter Wasser . . . . 762 kg
Mit Leinölfirnis gesättigt . . . . 885 „
Desgl. nach vorhergehender Trocknung . . 902 „

Bruchfestigkeit:

Lufttrocken . . . . . 489 kg
Wassersatt . . . . . 412 „

Wasseraufnahme in Prozent des Gewichtes:

Platten: nach 12 Stunden . . . . 2,1 %
„ 216 „ . . . . 3,8 „
Würfel: nach 12 Stunden . . . . 2,5 „
„ 216 „ . . . . 4,5 „

[1] Die 1911 gegründeten „Deutsche Tektonwerke", G. m. b. H. in Mannheim, sind 1912 in Liquidation getreten, da eine gewinnbringende Verwertung nicht gelungen war.

Bei diesen mannigfachen Verwendungszwecken nimmt es nun Wunder, daß noch immer der Hauptanteil an der Produktion des geschmolzenen Chlormagnesiums von der Textilindustrie aufgenommen wird. Allerdings scheint das Jahr 1912 nach dieser Richtung Wandlung geschaffen zu haben.

Insbesondere bleibt aber zu beachten, daß neben dem reinen Chlormagnesium auch in vielen Fällen die Endlauge unmittelbar zur Verwendung kommt, so daß ein Urteil, das sich allein auf den Verbrauch und Herstellung an geschmolzenem oder kristallisiertem Chlormagnesium gründen wollte, ein zu ungünstiges Bild abgibt. Trotz alledem muß man sagen, daß die Entwicklung bis zur Stunde der praktischen Bedeutung noch nicht entspricht. Worin liegt dieses aber nun begründet? Zweifellos an dem summarischen Verfahren eines großen Teiles der Hersteller, welche die beiden Ausgangsstoffe, die aus dem Euböamagnesit hergestellte gebrannte Magnesia und die Chlormagnesiumlösung unbekümmert um die chemische Zusammensetzung verwenden. Ohne die Kenntnis der chemischen Zusammensetzung der beiden Körper, namentlich ohne die Kenntnis der in dem gebrannten Magnesit vorhandenen freien wirkungsfähigen MgO ist aber ein gleichmäßiges widerstandsfähiges Produkt nicht zu erzielen. Es steht daher zu hoffen, daß, wenn die Herstellung in sachgemäßer, auf chemischer Grundlage sich aufbauender Weise in die Hand genommen wird, es nur der richtigen Organisation und der Propaganda bedarf, um ein Vielfaches der jetzt in der Kunststeinindustrie verwendeten Mengen an MgO und Chlormagnesium unterzubringen. Ja es wird auf diese Weise auch gelingen, die wegen der Hygroskopizität des Chlormagnesiums bis jetzt fast ausschließlich nur in Innenräumen verwendeten Magnesiazemente auch für die Verwendung im Freien geeignet zu machen[1]).

Es sei nur erwähnt, daß Magnesiumhydroxyd, mit konzentrierter $MgCl_2$-Lauge angerührt, eine kompakte Masse ergibt, die von Wasser nur sehr schwer angegriffen wird (vergl. Abeggs Handbuch der anorganischen Chemie II, 2). Für den Zustand auf diesem so lange vernachlässigten Gebiete ist es auch bezeichnend, daß objektive, von der königlichen Materialprüfungsanstalt in Groß-Lichterfelde vorgenommene Untersuchungen über Druck- und Zugfestigkeit nur für einige Mischungen vorliegen (vergl. Anm. 1 S. 52).

Über die Produktion, den Absatz, Aus- und Einfuhr an Steinholz zuverlässige Zahlen zu erhalten, war unmöglich, da die deutsche Warenstatistik das Steinholz nicht getrennt aufführt. Daß aber auch eine Ausfuhr schon besteht, ergeben die Zolltarife der anderen Länder. Leider war es auch nicht möglich, für sämtliche der in Tafel IV aufgeführten

---

[1]) Während des Druckes ermittelt: Nach den „Mineral Resources of the United States of Noth-Amerika" 1911, Bd. II, S. 911 hat man 1910 in San-Franzisko die Straßenseite eines Hauses ganz mit Formsteinen und Verzierungen aus Magnesiazement hergestellt.

Staaten die Zollsätze einwandfrei zu ermitteln. Von den angegebenen steht jedoch Japan mit $40\,^0/_0$ des Wertes an der Spitze.

Eine Ermäßigung der Sätze namentlich nach den Ländern mit trockenem Klima wäre daher nicht nur für die Kaliindustrie, sondern für die heimische Industrie überhaupt von größtem Werte.

Auch dürfte es nicht gänzlich von der Hand zu weisen sein, daß künftig einmal Magnesiamörtel an Stelle oder neben dem gewöhnlichen Luftmörtel in größeren Mengen zur Verwendung kommt. Die Herstellungskosten erscheinen allerdings auf den ersten Blick zu hoch; doch ist zu bedenken, daß Magnesiazement erheblich mehr Wasser abbindet als der Luftmörtel, auch in höherem Maße verlängert werden kann[1]) und endlich hinsichtlich der Erhärtung nicht auf den CO_2-Gehalt der Luft angewiesen ist.

Einen Versuch nach dieser Richtung hin stellt der Vorschlag des D.R.P. Nr. 221461 dar. Der nach diesem Patent gewonnene Zement stellt eine pulverförmige Masse dar, die an Ort und Stelle nur mit Wasser angerührt zu werden braucht.

Zusammenfassung des II. Abschnittes. Betrachten wir zunächst die beiden Gruppen der Magnesiasalze und der Kunststeine in ihrer Gesamtheit als Verbraucher an Magnesiumchlorid, so ist zunächst das Bild recht trostlos. Von all den genannten Magnesiumsalzen werden nur drei in nennenswerter Menge verbraucht, so das Magnesiumchlorid selbst, das Magnesiumkarbonat und das Magnesiumoxyd, und trotz der vielen Verwendungsmöglichkeiten nehmen sich auch für diese die Mengen, welche statistisch nachgewiesen werden können, im Verhältnis zu den zur Verfügung stehenden Mengen recht bescheiden aus.

So entsprechen die $360\,000$ dz $= 36\,000$ t geschmolzenen Magnesiumchlorids des Jahres 1911 nur $\dfrac{36\,000 \cdot 100}{1\,660\,970} =$ rund $2{,}2\,^0/_0{}^2)$ der gesamten in dem genannten Jahre durch die Verarbeitung von Carnallit freigewordenen Menge. Und noch geringer ist die Menge Magnesiumoxyd, welche bei der Darstellung der Salzsäure aus der Endlauge mitgewonnen wird. Bei $12\,000$ t $30\,^0/_0$iger Säure werden nur $10\,800 =$ rund $11\,000$ t $MgCl_2 \cdot 6\,H_2O$ benötigt, das sind rund $0{,}7\,^0/_0$.

Im ganzen würden also zurzeit rund $3\,^0/_0$ des in der Endlauge enthaltenen Magnesiumchlorids zu den genannten Zwecken nutzbringend verwertet. Doch ganz so schlecht steht es in Wirklichkeit nicht, sahen wir doch, daß die Endlauge auch unmittelbar in größeren Mengen zur Kunststeingewinnung und zur Staubbekämpfung Verwendung findet, und es kann hier hinzugesetzt werden, daß beide Verwendungsarten, namentlich aber die zuletzt genannte, in rasch steigenden Sätzen zunimmt, wohl eine

---

[1]) Sorel gibt als Grenze das 20fache an Sand an.

[2]) Für 1912 wird die Gewinnung an geschmolzenem $MgCl_2$ auf $50\,000$ t geschätzt, entsprechend etwa $3\,^0/_0$.

Folge der stark schwankenden, vom Bromabsatz abhängigen Preise des kristallisierten Magnesiumchlorids. Allerdings ist es uns unmöglich, in Ermangelung irgend welcher statistischer Aufzeichnungen, genauere Zahlen zu nennen.

Darüber hinaus sahen wir aber auch, daß das Magnesiumchlorid zur Darstellung von Bariumchlorid und Kalziumchlorid Verwendung findet. Soweit darüber in der Literatur Angaben zu finden sind, wird das Bariumchlorid zurzeit wohl ausschließlich nur aus Schwerspat ($BaSO_4$) und bariumhaltigen Kupferschlacken (Chemische Fabrik: Innerste Tal) gewonnen, und das Kalziumchlorid fällt, abgesehen von anderen auch bei der Gewinnung von Magnesiumhydroxyd aus der Endlauge mittels Kalkmilch.

Wir sehen also, daß das Bild, welches die Statistik hinsichtlich des in der Endlauge enthaltenen Chlormagnesiums entwirft, einer näheren Kritik nicht standhält. Es werden schon erheblich größere Mengen abgesetzt, als die Zahlen der Statistik angeben.

Doch täuschen wir uns nicht; mögen die tatsächlich zur Verwendung kommenden Endlaugenmengen auch größer sein, ja mögen sie selbst schon das Doppelte erreichen, so bilden sie doch immer nur einen kleinen Bruchteil der zur Verfügung stehenden Mengen.

III. Ausbau der alten und Aufsuchen neuer Verwendungsmöglichkeiten.

Wir kommen nun zu dem wichtigsten Teil unserer Aufgabe, nämlich zu der Frage, inwieweit es möglich ist, die in der Endlauge enthaltenen Chlormagnesiummengen durch eine natürliche oder geförderte Steigerung des Verbrauches, sei es zu schon bekannten oder zu neuen Verwendungszwecken, zu verwerten.

Besondere Aufmerksamkeit verdient da die Tatsache, daß man aus dem Chlormagnesium der Endlauge Chlor und Salzsäure gewinnen kann, welche zu der Frage führt, ob es denn wirklich auch für die nächste Zukunft als ausgeschlossen gelten muß, die Endlauge zur Gewinnung der genannten Stoffe in größerem Umfange als bisher heranzuziehen.

Eine Beantwortung dieser Frage kann jedoch erst dann mit Aussicht auf Erfolg versucht werden, nachdem wir uns mit dem notwendigsten über die Gewinnung der genannten Körper, ihren Markt usw. bekannt gemacht haben. Dabei ist zu beachten, daß als drittes im Bunde der Chlorkalk zu behandeln ist, welcher noch immer den größten Teil des Chlorverbrauchs auf sich vereinigen soll.

Chlorwasserstoffsäure (HCl). Die Chlorwasserstoffsäure ist ein sehr saures, ätzendes, farbloses, giftiges Gas, das an der Luft dichte Nebel bildet. Es wird von Wasser in hohem Maße absorbiert und bildet mit diesem die Salzsäure. Die Handelsmarke ist 32—35 $^0/_0$, entsprechend 20—22 Bé.

Die Salzsäure dient zur Darstellung von Chlor, Chlorkalk und Kaliumchlorat und verschiedenen Chloriden. Sie findet ferner Verwendung bei der Gewinnung von Kohlensäure, Bikarbonaten, von Superphosphat, Phosphor, Knochenleim. Des weiteren wird sie gebraucht zum Reinigen der Knochenkohle, als Beize in der Verzinkerei und in der Weißblechindustrie. Außerdem gelangt sie in großen Mengen noch zur Verwendung in der Färberei, Zeugdruckerei, bei der Extraktion von Kupfererzen und anderen metallurgischen Verfahren. In reinem Zustande dient sie auch als Arzneimittel.

Ausgangsstoffe für die Salzsäure sind vornehmlich die Chloride des Kaliums und namentlich des Natriums, welche mit Schwefelsäure auf die entsprechenden Sulfatverbindungen verarbeitet werden. Ursprünglich ein wertloser Abfallstoff bei der Gewinnung von Soda nach dem Leblanc-Verfahren, ist sie es heute, welche den ersten Teil des genannten Verfahrens noch lohnend erscheinen läßt, während die eigentliche Sodadarstellung infolge der Überlegenheit des Solvayschen Ammoniaksodaverfahrens in immer größerem Maße hat aufgegeben werden müssen. Nach Dammer wird noch heute der weitaus größte Teil der technisch zur Verwertung kommenden Salzsäure im Anschluß an die Gewinnung des sich überdies zurzeit einer stetig steigenden Nachfrage erfreuenden Natriumsulfates gewonnen.

Außerdem wird aber noch Salzsäure aus dem Chlormagnesium der Endlauge dargestellt und zwar, indem man das möglichst wasserfreie Salz mit Magnesiumoxyd zu Steinen geformt im Schachtofen unter Zuführung eines Stromes vom Wasserdampf glüht. Die Hoffnung, auf diesem Wege die Leblanc-Salzsäure zu verdrängen, hat sich jedoch nicht erfüllt, da die Höhe der Gestehungskosten einen größeren Schlagkreis nicht zulassen. Zurzeit werden etwa in 12000 t 30 $^0/_0$ Salzsäure in Staßfurt[1]) gewonnen, die sämtlich in und um Staßfurt zur Verwendung kommen.

Ebenso wie die Gewinnung aus $MgCl_2$ ist auch die aus Chlor im ganzen von untergeordneter Bedeutung und spielt nur dort eine größere Rolle, wo das Leblanc-Verfahren nicht zur Einführung gelangt ist oder große, bei der Elektrolyse fallende Chlormengen zur Verfügung stehen, die keine unmittelbare Verwendung finden können.

Die Preise der Salzsäure sind in den letzten Jahrzehnten erheblichen Schwankungen unterworfen gewesen. So kostete die Salzsäure in den 80er Jahren 4 M., 1900 erzielte sie nach der Statistik 4,5 M. auf den

---

[1]) 1912 hat die Fabrik des Kaliwerks Leopoldshall, die einzige, welche nach diesem Verfahren noch arbeitet, sogar nur 6270 t aus dem Chlormagnesium der Endlauge hergestellt.

Doppelzentner; der Preis ging dann 1908 auf 2,5 M. zurück, stieg aber 1911 wieder auf 6,14 M. in der Ausfuhr[1]).

Nach Blücher erzielt die Salzsäure in den verschiedenen Marken folgende Preise:

100 kg Salzsäure, roh (20—22 Bé)	7,50 M.[1])	
100 „ „ ger., arsenfrei, spez. Gewicht 1,160 .	10,00 „	
100 „ „ „ „ „ „ 1,190 .	17,00 „	
100 „ „ chem. rein, spez. Gewicht 1,124—1,190	16—24,00 „	

Die deutsche Produktion an Salzsäure betrug nach Hasenclever 1884: 148450 t, 1910 wurde sie von Prof. Duisberg auf 400000—500000 t geschätzt. Über die Weltproduktion liegen keine Zahlen vor.

Der Handel mit dem Ausland (vergl. Tafel III) ist insofern bemerkenswert, als sich trotz des gewaltigen Anwachsens der einheimischen Gewinnung die Einfuhr, wenn auch, wie es scheint, nur minderwertiger Marken in zwar geringer aber doch starker Zunahme begriffen ist, während die Ausfuhr, obwohl größer als die Einfuhr, in den zum Vergleich stehenden Jahren sich so gut wie gleich geblieben ist. So hielt sich die Ausfuhr auf etwa 160000 dz, während die Einfuhr von 50000 dz im Jahre 1907 auf 73235 dz im Jahre 1911[2]) heraufging. Im ganzen genommen verschwindet aber doch der Außenhandel gegenüber dem Verbrauch und der Gewinnung im Innern, von der die Ausfuhr gerade 3 % darstellt.

Trotzdem kann wohl die Verteilung des Außenhandels unsere Aufmerksamkeit beanspruchen.

Einfuhr in Doppelzentner.

	1911	1910	1909	1908	1907
Belgien	22971	18734	16683	14872	19697
Österreich-Ungarn . .	47446	35828	27574	27124	27910

Ausfuhr in Doppelzentner.

	1911	1910	1909	1908	1907
Schweden	24960	21108	—	22864	30980
Schweiz[3])	65416	65088	68860	58150	65313
Niederlande	25590	27200	24020	20627	—

Was nun die Steigerung des Außenhandels anbetrifft, so kann man wohl sagen, daß dieser noch einer Steigerung fähig ist, begegnet man doch in der Literatur allenthalben Mitteilungen über die Anlage neuer Fabriken.

Die Zollsätze bewegen sich auf mittlerer Linie. 10 % des Wertes überschreiten Rußland, Spanien, Norwegen, Mexiko, Brasilien, China und Japan. Die Ver. Staaten von Nordamerika erheben jedoch keinen Zoll.

---

[1]) Januar 1913 wurden für Säure von 21 Bé. 6,50—7,00 M. gezahlt, obwohl nach der Chemiker-Zeitung 1913, Nr. 33, S. 344 Ende 1912 das Angebot von der Nachfrage übertroffen wurde.

[2]) Die Einfuhr betrug 1912: 94784 dz und die Ausfuhr 179485 dz.

[3]) 1912 gelangten zur Ausfuhr nach der Schweiz 73657 dz.

Chlor (Cl). Chlor ist bei gewöhnlicher Temperatur ein grüngelbes, durchdringendes, riechendes, höchst giftig und zerstörend wirkendes Gas von dem spez. Gewicht 2,45. 300 l des Gases wiegen 1 kg. Bei gewöhnlicher Temperatur verdichtet es sich unter einem Druck von 6 Atm. zu einer dunkelgelben Flüssigkeit. Infolge des nicht allzu tief liegenden Siedepunktes von — 33° C. finden neuerdings in steigendem Maße zur Verflüssigung Kältemaschinen Verwendung.

Das Chlor dient vornehmlich zur Gewinnung von Chlorkalk. In flüssiger Form wird es auch in großen Mengen und in steigendem Maße benutzt zum Chlorieren bei der Farbenbereitung, zur Darstellung von Chloroform und Brom, zum Entzinnen von Weißblech. Auch in der Metallurgie wird es gebraucht. Für die Darstellung von Chlor sind eine ganze Anzahl Verfahren bekannt und im Gebrauch. So die Darstellung aus Braunstein und Salzsäure (Wealdon-Verfahren), ferner die aus Salzsäure und Luft (Deacon-Verfahren), des weiteren die aus den Chloriden $MgCl_2$, $CaCl_2$ und NH_4Cl und die aus Salzsäure und Salpetersäure. Endlich wäre als die zurzeit wichtigste die Gewinnung mittels Elektrolyse aus den wäßrigen Lösungen der Alkalichloride $NaCl$ und KCl zu nennen.

Über die Weltproduktion an Chlor sind genauere Zahlen nicht vorhanden, da weder Deutschland noch die anderen Länder diese statistisch erfassen. Einen Anhalt bietet nur die Chlorkalkgewinnung, welche noch immer den größten Teil des zur Darstellung kommenden Chlors aufnehmen soll. Die Weltproduktion an Chlorkalk wird nun auf 300000 t geschätzt (Prof. Duisburg), wovon ein Drittel allein auf Deutschland entfällt. Nimmt man den Prozentsatz an wirksamem Chlor zu 35 % an, so ergibt sich für diesen Verwendungszweck ein jährlicher Verbrauch in Deutschland zu 35000 t. Doch sahen wir schon oben, daß die Chlorkalkgewinnung, wenn auch den wichtigsten, so doch nicht den einzigsten Verwendungszweck darstellt, und die tatsächlich erzeugten Mengen sind um so größer, als der Chlorkalk einen großen Teil seiner früheren Abnehmer an die elektrolytische Bleiche verloren hat.

Von den gewonnenen Chlormengen entfallen in Deutschland die Hälfte bis zwei Drittel auf die Elektrolyse, der Rest wird von dem Wealdon- und Deacon-Verfahren geliefert. Das Anteilverhältnis verschiebt sich immer mehr zuungunsten der beiden zuletzt genannten Verfahren, was namentlich hinsichtlich des mit schmutzigen Endlaugen behafteten Wealdon-Verfahrens nicht zu bedauern ist.

Leider hat sich aber auch die Darstellung von Chlor aus dem Magnesiumchlorid der Endlauge gegenüber der Alkalielektrolyse nicht behaupten können, die früher von mehreren Fabriken in und um Staßfurt betrieben, aber jetzt völlig aufgegeben worden ist. Es hat dieses wohl seinen hauptsächlichsten Grund darin, daß das hierbei entstehende Chlor, welches im übrigen in ganz ähnlicher Weise gewonnen wurde wie die Salzsäure, zu verdünnt ist, so daß die Konzentration nur mit einem unverhältnismäßigen Aufwand zu erreichen war. Wir dürfen jedoch nicht unterlassen, darauf hinzuweisen, daß sich auch aus dem Magnesiumchlorid durch Elektrolyse Chlor gewinnen läßt, wie die Vorschläge z. B. von Hermites[1]) beweisen.

Wie bei der Salzsäure, so haben auch für Chlor die Preise in den letzten Jahren anzuziehen vermocht. Nach Blücher (1912) gelten folgende Sätze:

1 kg Chlor, flüssig in Bomben . . . . 0,70 **M.**

1 „   „   komprimiert in Eisenbomben von 5—100 kg 2—1,50 „

100 „ Chlorwasser (Fleckwasser) . . . . 12,00 „

100 „   „   (D. A. IV) . . . . 25,00 „

Da amtliche statistische Angaben für Deutschland nicht vorhanden sind, so kann über die Bedeutung der deutschen Chlorgewinnung für den Weltmarkt nichts ausgesagt werden. Nur in der Literatur findet sich z. B. eine Angabe dahin, daß Deutschland ehedem Amerika mit flüssigem Chlor versorgt hat, doch mit der Nutzbarmachung der ungeheuren Wasserkräfte des Niagara und anderer Wasserfälle diesen Absatzmarkt völlig eingebüßt hat.

Die Zollsätze für Chlor sind im allgemeinen mäßig und bewegen sich um 15 % herum. In Anbetracht der angeführten Zahlen scheint der Außenhandel noch Ausdehnungsfähigkeit zu besitzen.

Chlorkalk. Der Chlorkalk ist ein weißes trocknes Pulvergemisch von unterchlorsaurem Kalk, Kalziumchlorid und Wasser. Es folgt nach Ost etwa der Formel: $2 Ca(ClO)_2 + CaCl_2 + 2 H_2O$. Der Chlorkalk wird bewertet nach der Menge Chlor, die durch Säuren zur Abscheidung gebracht werden kann. Im günstigsten Falle vermag der Chlorkalk etwa 49 % Cl zu enthalten, doch zeigt der in den Handel kommende meistens nur 34—36 %.

Der Chlorkalk findet Verwendung zum Bleichen, als Ätzbeize im Zeugdruck, zum Desinfizieren und Oxydieren, zur Darstellung von Stickstoff, Sauerstoff, Chlor und Chloroform, zum Entfuseln von Spiritus, zur Gewinnung von Trinkwasser.[2]) Endlich bildet der Chlorkalk den Ausgangsstoff für die Magnesiableichflüssigkeit, welche aus jenem durch Umsetzen mit Bittersalz ($MgSO_4 . 7 H_2O$) erhalten wird. Chlorkalk gewinnt man aus bis zur Staubtrockne abgelöschtem, gebranntem Kalk durch Einleiten von Chlor. Möglichst kohlensäurefreies Chlor ist erwünscht, wenn auch nicht unbedingt erforderlich. Es können daher sämtliche Chlorgewinnungsverfahren für die Darstellung des Chlorkalkes nutzbar gemacht werden.

---

[1]) Vergl. die Patente Nr. 35549, 39390, 49851. Siehe auch: Darstellung von Chlor und Salzsäuren unabhängig von der Leblanc-Soda-Industrie von N. Caro (Berlin 1893).

[2]) Hauptversammlung des deutschen Vereins der Gas- und Wasserfachmänner. Chem. Ztg. 1912, S. 120.

Der Preis des Chlorkalkes richtet sich nach den Prozenten an wirksamem Chlor. 100 kg erzielen nach Blücher einen Preis von 11,50 bis 17 M.[1]), je nach dem, ob nur 19 oder 35 % an wirksamem Chlor vorhanden sind.

Der Verbrauch an Chlorkalk hat sich in den letzten Jahrzehnten unter Zurückdrängen anderer Bleichflüssigkeiten aber auch trotz der elektrolytischen Bleiche sehr gehoben. 1882 erzeugten der Kontinent und England, zu jener Zeit die einzigsten, welche Chlorkalk herstellten, 182000 t[2]) bei einem Großhandelspreis von 10,5 M. für den Doppelzentner. 1901 schätzte Hasenclever[3]) die Weltproduktion auf 260000 t und für 1909 gibt sie Lepsius[4]) zu 300000 t an.

Von der gesamten Gewinnung entfällt etwa ein Drittel, also etwa 100000 t auf Deutschland. Das zur Verwendung kommende Chlor ist zum größeren Teile auf elektrolytischem Wege gewonnen.

Deutschlands Handel in Chlorkalk stellt sich (vergl. Tafel IV) wie folgt: Obwohl der Zollsatz für Chlorkalk mit dem Inkrafttreten der neuen Handelsverträge auf 1 M. herabgesetzt worden ist, so hat doch die Gewinnung an dem allgemeinen Aufschwung teilgenommen. Überdies gelang es, die Einfuhr stetig, wenn auch langsam, zurückzudrängen. Sie ging von 17000 dz im Jahre 1907 auf 10837 dz im Jahre 1911 zurück. Leider ist der Ausfuhr kein entsprechender Erfolg beschieden gewesen. Sie stieg zwar von 249455 dz im Jahre 1907 auf 271320 dz im Jahre 1911[5]). Doch scheint es, daß sie bald zum Stillstand kommen muß, wenigstens dürfte wenig Hoffnung sein, diese noch zu steigern, da unter der Herrschaft der hohen Konventionspreise, namentlich die Ver. Staaten von Nordamerika, aber auch andere Staaten, so Mexiko, Japan, Australien, teilweise unter Heranziehung der billigen Wasserkräfte dazu übergegangen sind, den einheimischen Bedarf im Lande selbst zu erzeugen. Hinzu kommt, daß die Textil-, Papierindustrie usw. in immer höherem Maße sich die erforderlichen Bleichmittel mittels Elektrolyse selbst erzeugen, was natürlich dem Absatz an Chlorkalk Abbruch tun muß. Überdies verträgt der Chlorkalk keine lange Lagerung. Man kann annehmen, daß der Verlust an wirksamem Chlor im Monat im Durchschnitt mindestens $\frac{1}{2}$ bis $\frac{1}{4}$ % beträgt[6]).

---

[1]) Januar 1913 erzielte infolge der Preispolitik starker aus der Konvention ausgetretener Unternehmer 1 dz nur 11—13 M.

[2]) Lehrbuch der chem. Technologie von Ost, 4. Aufl., S. 76.

[3]) Chem. Ind. 1905, S. 53.

[4]) Berl. Ber. 1909, S. 2911.

[5]) Die Einfuhr betrug 1912: 6056 dz, die Ausfuhr 320846 dz. (Chem. Ztg. 1913, S. 344).

[6]) Neuerdings in Amerika vorgenommene Versuche, die auf eine Verringernng der Verluste hinzielen, scheinen von Erfolg zu sein, vergl. Chem. Ztg. 1913, Nr. 34.

Für die Chlorkalkgewinnung als günstiger Umstand ist in Betracht zu ziehen, daß die Kultur wie ohne Salzsäure, so auch nicht ohne Bleichflüssigkeiten auskommen kann, daß also der Verbrauch pro Kopf entsprechend der Bevölkerung zunehmen muß. Man kann also unter Zugrundelegung der jährlichen Steigerungssätze die Gewinnung regeln.

Die deutsche Aus- und Einfuhr verteilte sich in den Jahren 1907 bis 1911 vornehmlich auf folgende Länder.

Einfuhr in Doppelzentner.

	1911	1910	1909	1908	1907
Frankreich	8120	8380	8153	8958	6574
Großbritannien . . .	731	2419	1836	1802	2331
Spanien	—	—	—	—	3502

Ausfuhr in Doppelzentner.

	1911	1910	1909	1908	1907
Großbritannien . . .	45556	40757	46018	65876	73017
Österreich-Ungarn . .	20659	12602	16440	12088	—
Ver. Staaten v. N.-Am.	84665	102409	113436	63311	78067
Finnland	—	—	24479	19115	12238
Schweden	23805	12246	—	15661	5017
Italien	19681	19666	—	—	—

Die Zollsätze der meisten größeren Staaten sind recht beträchtlich. So erheben die Ver. Staaten von Nordamerika auf 100 kg 1,85 M., also nahezu 20 % der geringsten Marke. Desgleichen haben Italien, Frankreich und Spanien ganz bedeutende Sätze, die sich um 30 % des für das Inland geltenden Preises bewegen. Den höchsten Satz erhebt jedoch Rußland mit 13,55 M. zuzüglich eines Aufschlages von 10 %. Es ist daher kein Wunder, daß sich Rußland unter den Ausfuhrländern nicht befindet. Zugleich zeigt aber die Tafel auch, daß das Auslandsgeschäft nennenswerten Gewinn nicht bringt, daß die Ausfuhr also mehr dazu dient, den Überschuß, koste es, was es wolle, aufzunehmen. Zurzeit macht die Ausfuhr etwa 25 % der einheimischen Gewinnung aus.

Zusammenfassung. Fassen wir nun die Angaben über die drei Stoffe Salzsäure, Chlor und Chlorkalk zusammen, so ergibt sich, daß die ganzen Verhältnisse nicht dazu angetan sind, die Nutzbarmachung der Endlauge zur Chlorkalkgewinnung zu empfehlen. Im Gegenteil. Die Vorteile der elektrolytischen Bleiche und der hohe, durch eine Konvention gehaltene Preis haben dazu geführt, daß zahlreiche Unternehmen der Textil- und Papierindustrie sich vom Chlorkalkbezug unabhängig gemacht haben, so daß die Chlorkalkindustrie zur Ausfuhr hat übergehen müssen. So erfreulich es an sich auch ist, daß mit der Aufnahme der Ausfuhr auch die Einfuhr zurückging, trotzdem sogar der jetzt gültige Zolltarif eine Ermäßigung des Satzes für die Einfuhr gebracht hatte, so darf doch nicht außer acht gelassen werden, daß die Ausfuhrmöglichkeit eine beschränkte ist. Das Ausland hat sich mit hohen, zum Teil überhaupt unerschwinglichen

Zollschranken umgeben[1]), unter deren Schutz die Staaten immer mehr dazu übergehen, ihren Bedarf an Chlorkalk im Lande selbst zu decken. So sind in den letzten Jahren zahlreiche neue Anlagen in den Vereinigten Staaten von Nord-Amerika, Mexiko, Australien und Japan entstanden, welche zum Teil ausgedehnte Wasserkräfte zur Verfügung haben. Und wenn auch in den letzten Jahren Deutschland noch immer einen erheblichen Anteil an dem amerikanischen Markt[2]) sich zu erhalten gewußt hat, so hat die Einfuhr dorthin doch im ganzen abgenommen, und dabei hatten sich die deutschen Unternehmer gegen den mit günstigeren Frachtverhältnissen arbeitenden englischen Wettbewerb zu behaupten. Es ist daher anzunehmen, daß die deutsche Ausfuhr sich immer mehr auf die Nachbarländer mit geringen Zollsätzen wird beschränken müssen, und eine Änderung dürfte erst dann eintreten, wenn sich Rußland bereit finden lassen sollte, einen den Wettbewerb ermöglichenden Satz zu bewilligen.

Nicht ganz so trübe ist das Bild hinsichtlich des flüssigen Chlors. Die Zollsätze sind erheblich geringer, die Fracht fällt gegenüber dem Marktwert nicht so sehr ins Gewicht und die Preise haben in den letzten Jahren etwas anzuziehen vermocht. Und dennoch dürfte die Endlauge auch zur Darstellung von Chlor kaum größere Bedeutung gewinnen, da die Elektrolyse der Alkalichloride infolge der kaum zu befriedigenden Nachfrage an Ätzkali und Ätznatron noch auf lange Zeit hinaus den Chlormarkt beherrschen dürfte. Unerwähnt darf auch nicht bleiben, daß man in den beteiligten Kreisen ernstlich nach neuen Verwendungszwecken Umschau hält, um für die wachsenden Chlormengen einen glatten Absatz zu schaffen. Allerdings, wie es scheint, nicht ohne Erfolg[3]).

Wesentlich günstiger liegen die Verhältnisse auf dem Salzsäuremarkt. Wir sahen, daß die einheimische Gewinnung den einheimischen Verbrauch gerade deckt, ohne nennenswerte Mengen ans Ausland abzugeben. Eine Überproduktion wie bei dem Chlor und dem Chlorkalk ist also nicht vorhanden. Dabei hat sich der Verbrauch auf den Kopf der Bevölkerung sehr gehoben. Betrug er 1884 bei etwa 44 Mill. Einwohnern und Erzeugung von 184000 t 0,00415 t, so stieg er für 1912, wenn wir für dieses Jahr volle 500000 t annehmen, bei 66 Mill. Einwohnern auf 0,0075 pro Kopf, also nahezu auf das Doppelte. Und trotz dieser Steigerung vermochte der Preis weiter anzuziehen. Im I. Vierteljahr 1913 wurden für 100 kg 21°ige Säure 6,50—7,00 M. bewilligt.

---

[1]) Nach Chem. Ztg 1913, Nr. 34 hat Schweden den Zoll neuerdings fallen gelassen und die Ver. Staaten und Rumänien erwägen eine erhebliche Herabsetzung. Die Ver. Staaten z. B. von $^1/_5$ auf $^1/_{10}$ Cent; vergl. auch Tafel IV.

[2]) 1912 verbrauchten die Ver. Staaten von Nordamerika 118000 t. Von diesen wurden 68000 t im Lande dargestellt. Von dem Rest stammten 70 % aus England und 25 % aus Deutschland.

[3]) Askenasi, Chem. Ztg. 1912, S. 242, macht z. B. auf die Reaktionsfähigkeit des Di- und Trichloracetylen aufmerksam. Vergl. ferner B. Parsana (Chem. Ztg. 1913, S. 345).

Und ähnlich wie für Deutschland, liegen die Verhältnisse für England und Amerika.

So wurden in England im Jahre 1909—1911 nicht weniger denn 7 neue Salzsäurefabriken errichtet. Außerdem aber brachte das Jahr 1911 allein noch vier unter die Alkaliakte fallende Anlagen, ohne daß die Preise nachgegeben hätten. In den Vereinigten Staaten von Nord-Amerika ist dagegen das Leblanc-Soda-Verfahren überhaupt nicht zur Einführung gekommen, so daß hier die bei der Sulfatgewinnung abfallende Salzsäure den Markt nicht beherrscht und die Salzsäure erst aus dem auf elektrolytischem Wege gewonnenen Chlor dargestellt werden muß. Aber auch Italien ist günstig für die Ausfuhr, wo man neuerdings auch dazu übergegangen ist, Salzsäure aus Chlor in größerem Maßstabe zu gewinnen (Chem. Ztg. 1912, S. 219).

Es ladet daher gerade Amerika und Italien zur Ausfuhr besonders ein. Doch sind nicht die Mengen zu groß, welche durch die Verarbeitung der Endlauge auf Salzsäure entstehen? Nicht im geringsten. Wie auf S. 37 abgeleitet wurde, enthielt die im Jahre 1911 aus der Verarbeitung des Carnallites hervorgegangene Endlauge 578500 t Chlor, entsprechend rund 600000 t trockner Salzsäure oder 2000000 t 30 %iger Salzsäure, das ist also gerade eine viermal so große Menge, als Deutschland erzeugt und verbraucht.

Aus den Endlaugen könnte also noch nicht einmal der Bedarf des industriellen Europa gedeckt werden, geschweige denn der eines noch größeren Gebietes. Und daß diese Mengen im Laufe der Zeit untergebracht werden könnten ohne bestehende Anlagen zu gefährden, darf nach dem Anwachsen des Bedarfs nicht abgelehnt werden.

Nach dem bisher gesagten könnte es nun scheinen, als hänge die Bestimmung des Zeitpunktes nur vom Belieben der Kaliwerke ab, wann diese mit der Gewinnung von Salzsäure beginnen wollen. Dem ist jedoch nicht so. Wir sahen zwar, daß es schon ein Verfahren gibt, welches gestattet, aus dem Chlormagnesium der Endlauge Salzsäure darzustellen, wir erfuhren aber auch zugleich, daß dieses Verfahren nur in ganz beschränktem Umfange in Anwendung steht, und daß es nicht vermocht hat, der beim Sulfatbetriebe fallenden Salzsäure Abbruch zu tun. Im Gegenteil, die Gewinnung aus der Endlauge ist sogar in dem letzten Jahre noch weiter zurückgegangen, während die der Sulfatgewinnung gestiegen ist.

Wir können daher jenem Verfahren eine größere Bedeutung nicht beimessen und müssen daher wohl oder übel bekennen, daß die bisherigen Versuche, die Endlauge zur Chlor- und Salzsäuregewinnung nutzbar zu machen, einen Erfolg nicht gezeitigt haben. Und dennoch dürfen und können wir uns mit diesem Ergebnis nicht zufrieden geben.

Über die weiteren Möglichkeiten der Nutzbarmachung des Magnesiumchlorides der Endlaugen. 1 cbm Endlauge enthält im

Durchschnitt 350 kg Magnesiumchlorid ($MgCl_2$). Aus einem Kubikmeter Endlauge lassen sich mithin verlustlos 264 kg Chlor und 86 kg Magnesium gewinnen. Auf 30 % Salzsäure und Magnesiumoxyd umgerechnet, ergeben sich also rund 900 kg Salzsäure und 143 kg Magnesiumoxyd.

Die Gewinnung der Salzsäure. Nun erzielt 1 kg flüssiges Chlor 0,70 M., 100 kg 30 % Salzsäure aus dem Sulfatbetrieb kosten dagegen 7,50 M., während arsenfreie Salzsäure, wie sie bei der Verarbeitung von Magnesiumchlorid entsteht, mit 10 M. pro Doppelzentner bewertet wird, und 100 kg Magnesiumoxyd besitzen einen Marktwert von etwa 110 bis 190 M. Auf flüssiges Chlor und Magnesiumoxyd verarbeitet, stellt also ein Kubikmeter Endlauge in seinen Bestandteilen einen Wert von mindestens $264 . 0{,}70 + 143 . 1{,}10 = 172{,}20 + 157{,}30 = 329{,}50$ M. dar. Und bei der Nutzbarmachung zu Salzsäure und Magnesiumoxyd wird, da die erhaltene Salzsäure arsenfrei ist, ein Wert von: $\frac{900}{100} \cdot 10 + 143 . 1{,}10 = 90 + 157{,}30 = 247{,}30$ M. erreicht.

Das sind unstreitig Zahlen, deren Eindruck man sich nicht entziehen kann. Doch wir wollen den Gedankengang noch etwas weiterspinnen und in Rücksicht ziehen, daß im Jahre 1911 an 2 000 000 cbm Endlauge dem Meere zuflossen. Es ergibt sich dann ein Wert von 658 bezw. 494 Mill., der dem Volksvermögen in dem genannten Jahre bis auf einen kleinen Teil verloren gegangen ist und der voraussichtlich noch für einige Zeit eine Steigerung erfahren wird.

Sahen wir nun oben, daß der Weltmarkt einer Salzsäureausfuhr günstig ist, so sahen wir jetzt, daß schon aus allgemein staatswirtschaftlichen Gründen eine Nutzbarmachung der Endlaugen dringend erwünscht ist, und zugleich müssen wir hinzufügen, daß wissenschaftliche Gründe einer Nutzbarmachung in dem angegebenen Sinne nicht entgegenstehen. So sind zur Zerlegung von 74,5 g KCl[1]) in 35,5 g Chlor und 56 g Ätzkali[2]) nach der Thomsonschen Regel 57,5 kg-Kal. erforderlich, für die Zerlegung von 58,5 g $NaCl$[3]) in 35,5 g Chlor und 40 g Ätznatron[4]) dagegen rund 53 kg-Kal., für die Zerlegung von 95 g $MgCl_2$[5]) in 71 g Chlor und 58 g Magnesiumhydroxyd[6]) 70 kg-Kal. und zur Überführung von 58 g $Mg(OH)_2$ in 40 g MgO 5 Kal.

---

[1]) $K + Cl = KCl + 105$ bis 105,7 Kal.

[2]) $K + H_2O + Aq = KOH, Aq + H + 48{,}1$ Kal.

[3]) $Na + Cl = NaCl + 97{,}7$ bis 97,9 Kal.

[4]) $Na + H_2O + Aq = NaOH, Aq + H + 45$ Kal.

[5]) $Mg + 2 Cl = MgCl_2 + 151$ Kal.; $Mg + O = MgO + 143{,}3$ Kal.; $MgO + H_2O = Mg(OH)_2 + 5$ Kal.

[6]) $MgCl_2 = Mg + 2 Cl - 151$ Kal.; $2 H_2O$ (fl.) $= 2 . 2 H + 20 - 2 . 68$ Kal.; $Mg + 20 + 2 H = Mg(OH)_2 + 217$ Kal, also $MgCl_2 + 2 H_2O = Mg(OH)_2 + 2 Cl + 2 H - 70$ Kal.

Hieraus folgt also, daß die Zerlegung des Magnesiumchlorides nur einen unerheblich größeren Aufwand an Energie erfordert, als die mit so großem Erfolg geübte Zerlegung des Chlorkaliums und Chlornatriums, und dabei werden für 100 kg Ätznatron 22 M., für 100 kg Ätzkali rund 30 M. und für 100 kg Magnesiumoxyd 110—190 und mehr Mark bewilligt.

Es folgt also weiterhin, daß man bei den hohen Preisen des Magnesiumoxydes wohl in der Lage ist, und man wäre es auch bei einem geringeren Preise, ein etwas teureres Chlor in den Kauf zu nehmen; und daß am Absatz von Magnesiumoxyd kein Mangel ist und auch sobald nicht eintreten wird, dafür bürgt das Aufblühen der Magnesiakunststeine und der stetig wachsende Bedarf der Vereinigten Staaten von Nordamerika und der übrigen Kulturwelt.

Welchen Weg man nun bei der Verarbeitung der Endlauge auf Salzsäure einschlagen soll, läßt sich kaum sagen. Möglich ist es, daß man gemäß dem Vorschlag von Prof. Friedrich[1]), welcher die eingedickte Endlauge mit Brennstoff vermischt dem Feuer aussetzen will, schneller und billiger zum Ziele kommt als mit dem alten, von Leopoldshall ausgebildeten Verfahren. Möglich ist es aber auch, daß es gelingt, ein für Magnesiumchlorid geeignetes elektrolytisches Verfahren zu ersinnen, wobei das entstehende Chlor nach dem Vorschlage von Nagel[2]) im Generator mit Koks gemäß der Formel:

$$Cl_2 + 3 H_2O \text{ (Dampf)} + 2 C \text{ (glühender Koks)} = 2 HCl + CO_2 + CO + H_2.$$

in Salzsäure übergeführt wird.

Gleichviel, welchen Weg man wählen will, einen der genannten oder einen dritten, die Schwierigkeiten liegen allein in der technischen Durchführung, in der richtigen zweckmäßigen Wahl oder Ausgestaltung der Gerätschaften. Diese zu finden, ist aber weniger eine theoretische Aufgabe als gerade Sache des Versuches, den durchzuführen allerdings das einzelne junge Carnallitwerk nicht imstande ist.

Ungünstig beeinflußt wird aber unser Vorhaben noch dadurch, daß 100 kg der bei dem Sulfatbetriebe (Leblanc-Sulfat) fallenden Salzsäure für 56 Pf.[3]) zu erhalten sind, während das Eindampfen selbst nur zu Sechsersalz schon erheblich höhere Kosten erfordert, für die wir im Minimum etwa 71 Pf. errechneten (vergl. S. 19). Ferner muß aber auch ein Verfahren, das Anspruch darauf erhebt, als Lösung angesprochen zu werden, so billig sein, daß es Zoll und Fracht, und zwar auch auf große Entfernungen hin zu tragen vermag.

Demgegenüber darf jedoch nicht außer acht gelassen werden, daß, wenn die Endlauge nicht irgendwie nutzbar gemacht werden kann, sie zum Versatz eingedampft werden muß, und daß die aus ihr dargestellte

---

[1]) Ztschr. f. ang. Chemie 1912, S. 1651.
[2]) Chem. Ztg. 1912, S. 54.
[3]) Dammer, Chem. Technologie der Neuzeit, 1910, S. 229.

Salzsäure infolge der Reinheit einen erheblich höheren Preis erzielt als die Sulfatsalzsäure.

Um diesen und den Betrag, welchen das Eindampfen erfordert, kann also ungünstigstenfalls die Gewinnung teurer sein, als beim Leblanc-Verfahren.

Überdies ist aber bei dem Aufsuchen eines neuen Verfahrens zu beachten, daß die Werke ohne Abwässererlaubnis gern auf jeden Gewinn verzichten würden, wenn sie nur dadurch der Endlaugenfrage überhoben wären. Es ergibt sich also, daß trotz der bisher nicht gerade ermutigenden Versuche, die Aussichten für eine Nutzbarmachung der Endlauge zur Darstellung von Salzsäure nicht ungünstig sind.

Allerdings kann ja demgegenüber wieder nicht bestritten werden, daß, wenn die Kaliindustrie vielleicht unter Verzicht auf den Unternehmergewinn zur Gewinnung von Salzsäure übergeht, es ohne einen Preisdruck auch für den inländischen Markt nicht abgehen dürfte. Doch ist dem entgegenzuhalten, daß an einer Nutzbarmachung der Endlauge zunächst nur die zu denken gezwungen sind, denen eine Abwässererlaubnis nicht bewilligt worden ist, und daß auch diese Werke nur allmählich in die Gewinnung einzutreten vermöchten. Schlimmstenfalls wäre es aber nur Sache eines Übereinkommens mit den anderen Unternehmern, z. B. der Sulfatanlagen, zu dem sich diese um so eher bereitfinden dürften, als die Kaliwerke ihnen durchaus nicht waffenlos auf Gnade und Ungnade ausgeliefert sind, sondern selbst zur Sulfatgewinnung im größeren Maßstabe unter Benutzung von Kältemaschinen unabhängig von der Jahreszeit überzugehen in der Lage sind[1]).

Eine weitere Frage ist es nun, ob nicht die Kaliwerke bei der Verarbeitung ihrer Endlaugen mit dem Wettbewerb der in anderen Betrieben fallenden chlorhaltigen Laugen werden rechnen müssen. Denn es ist klar, daß, wenn die Nutzbarmachung erst an einer Stelle gelungen ist, man diese auch an anderer Stelle versuchen wird. Nun kommen hier zwar nur die Chlorkalziumlaugen der Ammoniaksoda in Frage, doch fallen diese in bedeutender Menge. Allein die Kaliindustrie hat diese nicht zu fürchten, wenigstens was die Nutzbarmachung zu Chlor oder Salzsäure anbetrifft. Denn zur Gewinnung von Chlor aus 111 g $CaCl_2$ sind rund 91 Kal. erforderlich, gegenüber 70 Kal. bei Chlormagnesium. Für die Staubbekämpfung kommt sie dagegen allerdings in Frage, wie trotz der seinerzeit in England gemachten ungünstigen[2]) Erfahrungen neuere Versuche am Niederrhein ergeben haben. Doch dürften die Chlorkalziumlaugen kaum für die Dauer der Endlauge merklich Abbruch tun, da das Chlorkalzium als Ausgangsstoff für die aufblühende Kalkstickstoffindustrie steigende Bedeutung besitzt. Zudem macht sich neuerdings auch bei der

---

[1]) 100 kg Na_2SO_4 erzielen zurzeit in Antwerpen 6,50—7,00 Fr.

[2]) Dammer, Chem. Technologie der Neuzeit, 1910, S. 310.

Sodagewinnung das Bestreben geltend, den Kalk des Chlorkalziums wieder in den Betrieb zurückzuführen (vergl. Riedel, D.R.P. Nr. 164726)[1].

Endlich läßt auch das geringere Molekulargewicht der Magnesiumverbindungen die Entscheidung, namentlich bei größeren Entfernungen zuungunsten der Kalziumsalze ausfallen.

Wir sehen also, daß den jüngeren Kaliwerken von dieser Seite keine größere Gefahr droht. Doch wenden wir uns nun den anderen Verwendungsmöglichkeiten der Endlauge zu.

Staubbekämpfung und Kunststeinindustrie. Da wären zunächst nebeneinander die Verwendung zur Staubbekämpfung und zur Kunststeingewinnung zu nennen. Die Nachfrage auf beiden Gebieten ließe sich aber unstreitig noch wesentlich durch eine zweckentsprechende Aufklärung der beteiligten Kreise steigern. Mehr noch aber als diese würde vielleicht eine Tarifermäßigung seitens der Eisenbahn wirken. Zurzeit wird die Endlauge nach Spezialtarif III befördert, also zu einem Satze, der zwar innerhalb der geringeren Entfernungen dem Ausnahmetarif für Kohle und Kali gleich ist, jedoch gerade bei größeren Entfernungen höher ist. Doch leuchtet ein, soll diese Maßregel wirken, d. h. sollen auch fernere und fernste Großstädte die Staubbekämpfung mittels Magnesiumchlorid aufnehmen, so kann es sich nur um einen Tarif handeln, der sogar noch hinter den genannten Ausnahmetarifen zurückbleibt, und der die Selbstkosten der Eisenbahn nicht wesentlich übersteigen dürfte. Die erwartete Folge dürfte dann auch hinsichtlich des Auslandsabsatzes nicht lange auf sich warten lassen. Im übrigen ist der Absatz auch schon jetzt nicht mehr unerheblich.

Aber auch an Ort und Stelle ließe sich das Magnesiumchlorid der Endlauge nutzbar machen. In erster Linie natürlich zur Kunststeingewinnung selbst unter Verwendung des bei der Chlor- und Salzsäuregewinnung entstehenden Magnesiumoxydes. Allerdings könnten dann die hohen Preise des Magnesiumoxydes nicht gehalten werden. Das ist aber weder notwendig, noch an sich schon ein Schade. Denn was vom Preise verloren geht, bringt die Masse oft genug doppelt wieder ein.

Allerdings dürfte es kaum möglich sein, das Magnesiumoxyd aus der Endlauge so billig zu gewinnen, daß es in allem und jedem Verwendungszwecke an Stelle des aus dem natürlichen Magnesit gewonnenen zu treten vermöchte. Es wird vielmehr nur dort zur unbedingten Herrschaft gelangen, wo auf eine absolute Reinheit nicht verzichtet werden kann, die Kosten also gegenüber der Gewinnung eines dauerhaften Stoffes in den Hintergrund treten.

Nun sahen wir zwar, daß man in San-Franzisko dazu übergegangen ist, die Straßenseite von Häusern einschließlich der Verzierungen völlig aus Magnesiakunststein auszuführen. Doch dieses beweist noch nichts.

---

[1] Dammer, Chem. Technologie der Neuzeit, S. 248.

für europäische Verhältnisse. In Kalifornien befinden sich die einzigsten Magnesitlagerstätten, über welche die Vereinigten Staaten verfügen, und da, wie es scheint, jenen Gegenden an anderen Baustoffen, wie Ton, Kalk und Sand mangelt — genaueres darüber konnte leider nicht in Erfahrung gebracht werden —, so stellt der Magnesit dort den gegebenen Baustoff dar. In Deutschland aber dürften die Ziegel kaum den Wettbewerb der Magnesiakunststeine zu fürchten haben.

Anders liegen jedoch die Verhältnisse, wenn wir das Magnesiumoxyd oder Hydroxyd auf Zement verarbeiten. Das geringere Molekulargewicht gegenüber dem aus Kalkstein gewonnenen Zement, die Fähigkeit, mehr Wasser zu binden als dieser und in höherem Maße verlängert werden zu können, lassen erwarten, daß der Magnesiazement in immer stärkerem Maße zur Verwendung kommt. Namentlich aber dürfte das Magnesiumoxyd, sei es als solches oder als Zement, für die Ausfuhr in Betracht kommen, und zwar vornehmlich nach den Vereinigten Staaten von Nordamerika, die sich das zum Abbinden erforderliche Magnesiumchlorid erst mühsam aus der Mutterlauge der Siedesalzbereitung durch mehrmaliges Eindampfen und Umkristallisieren herstellen müssen, wenn sie nicht vorziehen sollten, geschmolzenes Salz aus Deutschland zu beziehen.

Als Anhalt mögen folgende Zahlen dienen: 1910 wurden bei dauerndem Bezug im großen in San-Franzisko für den Doppelzentner ungereinigtes Magnesiumoxyd 7,5 M. (16 Doll. die Tonne) gezahlt, anderenfalls mußten im Durchschnitt 11,70 M. für den Doppelzentner angelegt werden. In Los Angelos betrug der Preis sogar 16,20 M. Und dabei ziehen die Preise trotz der stetig, allerdings nur in beschränktem Umfange steigenden Magnesitgewinnung fortgesetzt weiter an (Min.-Res. 1910, S. 911/12).

Ebenso wie die Vereinigten Staaten von Nordamerika kommen aber auch Zentral- und Südamerika für eine Ausfuhr in Betracht.

Abgesehen von der Verwendung des Zementes als Mörtel und den sonstigen schon bekannten Verwendungszwecken kommen die Magnesiakunstmassen ferner noch in Frage für die Herstellung von Wetterscheidern, als Unterlage für Schienen zum Zwecke der Schalldämpfung, zu Stuckwaren, Dachbelägen, zur Gewinnung von Feuer- und Rostschutzfarben usw.

Andere und neue Verwendungszwecke. Ferner denken wir an das Bariumchlorid, daß für die Weltwirtschaft steigende Bedeutung gewinnt. 1 dz wird mit rund 10 M. bewertet. Laden da nicht die bedeutenden Schätze der heimatlichen Erde an Schwerspat zur Nutzbarmachung nach dieser Richtung hin ein?

Überdies erhält man hierbei als Nebenstoff Magnesiumsulfat, das selbst wieder einen großen an Bedeutung stets wachsenden Markt besitzt.

Allerdings wäre die Gewinnung von $BaCl_2 . 2H_2O$ lediglich auf die Ausfuhr angewiesen, wie die in der Anmerkung[1]) niedergelegten Zahlen beweisen. Aber selbst, wenn es nicht gelänge, auf diesem Wege größere Mengen Magnesiumchlorid unterzubringen, so darf uns dieser Weg deshalb doch nicht weniger willkommen sein.

Und ähnlich ist es mit dem Kalziumchlorid, das in der geringsten Marke mit 6,50 M. bezahlt wird. Es fällt zwar in weit größeren Mengen und im Gegensatz zum Bariumchlorid als Abfallstoff, so bei dem Ammoniak-Sodaverfahren, doch befindet sich die Kalkstickstoffindustrie, welche vom Kalziumchlorid ausgeht, in raschem Aufstieg. Und zudem ist es auch bei der Verarbeitung der Endlauge nicht Hauptzweck, sondern es entsteht neben dem Magnesiumhydroxyd, $Mg(OH)_2$. Es kann daher nicht von der Hand gewiesen werden, daß es auch auf diesem Wege gelingt, steigende Chlormengen unterzubringen.

Daß weiterhin auch die Endlauge noch zur Darstellung anderer Chloride Verwendung finden könnte, sei nur nebenbei erwähnt. Wir denken hierbei vornehmlich an eine noch stärkere Heranziehung zum metallurgischen Verfahren an Stelle von Chlor und Salzsäure unter Bewilligung eines mäßigen Tarifs.

Des weiteren wäre aber noch auf die Eigenschaft des Chlormagnesiums, Ammoniak aus der Luft anzuziehen, zu verweisen, wodurch es befähigt ist, als Luftreinigungsmasse zu dienen. Ferner wäre noch auf die Bleich-

---

[1]) Die statistischen Zahlen von Chlorbarium sind:

Einfuhr in Doppelzentner:

1911	1910	1909	1908	1907
20116	19547	19072	22559	27809

Ausfuhr in Doppelzenter:

61705	64534	53207	33891	41882

An der Einfuhr waren vornehmlich folgende Länder beteiligt:

Niederlande	—	—	101	—	—
Osterreich-Ungarn . . .	19953	19426	18761	22310	27074
Großbritannien	25	—	—	—	—
Belgien	—	—	—	—	224

Die Ausfuhr richtete sich vornehmlich nach folgenden Ländern:

Frankreich	22348	14357	12861	9404	—
Ver. Staaten v. N.-Amerika	14925	22855	21981	14111	23601
Großbritannien	—	—	—	—	2995

Es findet unter anderem Verwendung in der analytischen Chemie zur Erkennung der Schwefelsäure, in der Teerindustrie zur Beseitigung schädlicher löslicher schwefelsaurer Salze, zur Darstellung von reinem Bariumsulfat, ferner zum Beseitigen schwefelsaurer Salze bei der Elektrolyse der Alkalichloride. Als Schutzmittel gegen Kesselstein findet es kaum noch Verwendung.

Bei der Einfuhr stellte sich 1 dz auf 9,50—10,00 M. Bei der Ausfuhr erzielte 1 dz einen Preis von 10—10,50 M.

masse hinzuweisen, welche aus einer Mischung von Glaubersalz und Chlorkalk hergestellt wird, ein Verfahren dafür gibt das Patent Nr. 147745 an, aber auch das Magnesiumhypochlorid käme in Betracht, welches aus dem Chlorkalk durch Umsetzen mit Magnesiumsulfat gewonnen wird, und welches wegen der leichteren Zersetzlichkeit, also schnelleren Bleichwirkung, und der Schädlichkeit des im Chlorkalke enthaltenen Ätzkalkes für leichtere Gewebe in vielen Fällen bevorzugt wird. 100 kg werden mit 24 M. bezahlt, erzielen also einen fast doppelt so hohen Preis als der Chlorkalk selber.

Darüber hinaus könnten aber die Magnesiableichkörper noch größere Bedeutung erlangen, wenn sich das von Schloesing zur Herstellung von gut entwässertem Magnesiumhydroxyd angegebene Verfahren im großen bewähren sollte[1]). Aber auch des Magnesiumperchlorats ist an dieser Stelle zu gedenken, das als Bleichmittel Verwendung finden kann (D.R.P. Nr. 250341, Kl. 8 i, 1).

Schluß.

Vorschläge zur Hebung des Verbrauchs an Kali-Endlauge.

War nun das Ergebnis des ersten Teiles unserer Ausführungen, daß eine Verarbeitung der Endlauge unter oder ohne Beimischung anderer Stoffe auf Bergeversatz den Forderungen der Wirtschaftlichkeit nicht gerecht wird, daß also nach dieser Richtung eine Lösung der Endlaugenfrage nicht mit Erfolg zugestrebt werden kann, so belehrte uns der zweite und dritte Teil dahin, daß der Ausbau der vorhandenen und die Aufsuchung neuer Verwendungsmöglichkeiten sehr wohl die Lösung zu bringen vermöchte.

Die Frage, die sich hierbei allerdings erhebt, ist nur, ob es möglich ist, die Absatzsteigerung derart zu beschleunigen, daß in absehbarer Zeit eine nennenswerte in die Wagschale fallende Menge nutzbar gemacht wird.

So wünschenswert es nun an sich ist, daß dabei nur auf die wertvollsten Stoffe, wie Chlor, Salzsäure und Magnesiumoxyd hingearbeitet wird, so leuchtet es doch ein, daß wir fürs erste zufrieden sein müssen, wenn die Endlauge überhaupt, und sei es auch vornehmlich nur zur Staubbekämpfung, Verwendung findet. Und ferner dürfen wir es uns auch schon als Erfolg anrechnen, wenn es uns gelingt, nur die Endlaugen der keine Abwässererlaubnis besitzenden Werke unterzubringen.

Bei den Versuchen, über die Absatzmöglichkeiten der einzelnen Magnesiumverbindungen usw. ein klares Bild zu erhalten, empfanden wir es nun auf Schritt und Tritt als Mangel, daß die deutsche Produktions-

---

[1]) D.R.P. Nr. 426874 und 126875 und Zeitschr. Kali 1911, S. 465.

statistik versagte. Sie enthielt weder für Chlor noch für Salzsäure, Magnesiumoxyd und die anderen Körper irgendwelche zahlenmäßige Angaben, so daß an Stelle von Tatsachen Schätzungen treten mußten. Unter dem Mangel eines klaren Bildes über den Verbrauch, Nachfrage und Angebot mußte aber unsere Aufgabe unstreitig außerordentlich leiden, und wenn das Ergebnis dieser Zeilen nicht voll befriedigt, so darf wohl ein Gutteil darauf zurückgeführt werden.

Es ergibt sich daher als erste Forderung: Ausbau der einschlägigen Statistik. Aber mit dem Ausbau der heimischen Statistik ist allein auch noch nichts getan. Sahen wir doch, daß, wenn die Endlauge auf Salzsäure verarbeitet werden soll, für diese in erster Linie der Auslandsmarkt in Frage kommt. Es gilt also noch die Gewinnung und den Verbrauch der anderen Länder zu ermitteln.

Als einen der aussichtsreichsten Verwendungszwecke lernten wir ferner die Kunststeingewinnung kennen. Leider mußten wir jedoch zugleich berichten, daß die hohen Preise des Magnesiumoxydes und die stark wechselnden Preise des geschmolzenen Magnesiumchlorids hemmend auf die Entwickelung dieses Wirtschaftszweiges einwirkten. Wurde doch sogar schon der Vorschlag gemacht, die Steinholzabfälle auf Magnesiumoxyd zu verarbeiten, um vom offenen Markt unabhängiger zu werden (D.R.P. Nr. 247396).

Wenn nun auch die Folgen dieser falschen Preisgestellung zum Teil wieder dadurch ausgeglichen werden, dass man zum Bezuge der Endlauge selbst überging, so kann doch bei annähernd $30\,^0/_0$ Lösungswasser im Kubikmeter Endlauge diese Maßregel nur innerhalb eines kleinen Schlagkreises wirksam sein.

Als Vorbedingung für den Erfolg unserer Anregungungen müssen wir daher die Festsetzung eines Einheitssatzes für Chlormagnesium und die Ermäßigung der Preise für das Magnesiumoxyd bezeichnen. Darüber hinaus müssen wir aber auch die Bewilligung eines besonders niedrigen Kilometerpreises seitens der Eisenbahn fordern, wenn die Verwendung der Endlauge und des Magnesiumchlorides in größerem Maßstabe als bisher zur Staubbekämpfung und zu metallurgischen Zwecken Verwendung finden soll. Bedenken ernsterer Art dürften gegen diesen Vorschlag kaum bestehen, und um so weniger, als die Eisenbahn damit weniger den Kaliwerken als der Allgemeinheit dient. Daß daneben die Unterhändler bestrebt sein müssen, bei der Erneuerung von Handelsverträgen die Sätze auch dort zu drücken, wo sie an sich noch ertragbar sind, bedarf ja weiter keiner besonderen Erwähnung.

Aber würden selbst alle der bisher gemachten Vorschläge erfüllt, so wären wir zwar schon der Lösung der Endlaugenfrage ein erhebliches Stück nähergebracht, doch die Lösung hätten wir immer nicht. Diese kann vielmehr erst ein Verfahren bringen, welches gestattet, das Magnesiumoxyd und die Salzsäure aus der Endlauge mit geringerem Aufwand als bisher darzustellen.

Daneben wäre es aber erwünscht, wenn die Werke dazu übergingen, die Glaubersalzgewinnung planmäßig auch im Sommer mittels Kältemaschinen zu betreiben, um einem weiteren Anwachsen der nach dem Leblanc-Verfahren arbeitenden Salzsäure-Gewinnungsanlagen entgegenzutreten.

Vielleicht dürfte es sich auch empfehlen, eine besondere Stelle zu schaffen, welche sich ausschließlich mit diesen Fragen in technischer wie wirtschaftlicher Hinsicht befaßt, so z. B. unter anderem planmäßige Untersuchungen darüber anstellt, welche Zement-Mischungen sich unter gegebenen Bedingungen am besten verhalten usw.

Kann es nun auch kaum irgend welchem Zweifel unterliegen, daß die Durchführung der genannten Forderungen zum mindesten der Endlaugenfrage die Schärfe nimmt, wenn diese nicht überhaupt auch der Lösung zugeführt wird, so dürfen wir uns andererseits nicht verhehlen, daß es doch der Punkte reichlich viele sind, welche es durchzuführen gilt, und daß es namentlich nicht an solchen Schwierigkeiten mangeln wird, die aus dem Ineinandergreifen der einzelnen Industrien erwachsen. Doch wo ein Wille, da ist auch ein Weg.

Mit Rücksicht darauf, daß die Nutzbarmachung der Endlauge in vollem Umfange früher oder später gelingen muß, wäre es nun verfehlt, das Magnesiumchlorid der Endlauge durch Vermischen usw. zu entwerten. Das Eindampfen ist also zurzeit das Gegebene, abgesehen auch davon, daß es von allen bisher vorgeschlagenen Verfahren am billigsten ist.

Wer es aber fordert, der sei eingedenk, daß ohne gleichzeitige Nutzbarmachung die Kosten hierfür nur wenige der in Betracht kommenden Werke zu tragen vermögen. $8\,^0/_0$ für die dividendenbeziehenden, $5,3\,^0/_0$ für die dividendenberechtigten Werke zugrunde gelegt, das macht (vergl. S. 5) im Durchschnitt eine Rente von 10 bezw. 6,50 M. auf den Kubikmeter anstehenden Salzes, während für das Eindampfen von einem Kubikmeter Endlauge im Flammenofen allein schon mindestens 0,71 M. (vgl. S. 19) in Ansatz gebracht werden müssen.

Für die Carnallitwerke, welche unter jenem Durchschnitt stehen, bedeutet also das Eindampfen ohne gleichzeitige Nutzbarmachung eine Einbuße am Reingewinn, welche nicht selten $25\,^0/_0$ übersteigen dürfte, und die Rente unter den landesüblichen Zinsfuß herabdrücken muß.

Tafel I.

Gesamtförderung an Kalisalzen[1]) nebst Angaben über die Zahl der Werke und Wert des Absatzes.

Im Jahre	Carnallit dz	Berg-Kieserit dz	Kainit einschl. Hartsalz und Schönit dz	Sylvinit dz	Zusammen dz	Zahl der Werke	Wert des Absatzes in Mark	Förder-mengen auf 1 Werk	Wert des Absatzes auf 1 Werk	Be-merkungen.
1861	22 930	—	—	—	22 930	—	—	—	—	In der
1862	197 269	203	—	—	197 372	—	—	—	—	Spalte:
1863	583 035	683	—	—	583 718	—	—	—	—	„Zahl der
1864	1 154 085	889	—	—	1 154 974	—	—	—	—	Werke"
1865	876 709	748	13 139	—	890 596	—	—	—	—	ist die An-
1866	1 355 537	4 135	58 084	—	1 417 756	—	—	—	—	zahl der
1867	1 416 042	11 435	89 765	—	1 517 242	—	—	—	—	Werke
1868	1 673 367	14 178	107 717	—	1 795 262	—	—	—	—	bezw.
1869	2 118 838	2 265	168 572	—	2 289 675	—	—	—	—	Quoten am
1870	2 682 256	707	203 008	—	2 885 971	—	—	—	—	Ende der
1871	3 359 446	470	365 817	—	3 725 733	—	—	—	—	betreffen-
1872	4 685 375	225	180 672	—	4 866 272	—	—	—	—	den Jahre
1873	4 410 786	75	61 013	—	4 471 874	—	—	—	—	eingesetzt.
1874	4 149 613	160	97 526	—	4 247 299	—	—	—	—	
1875	4 987 370	50	241 238	—	5 228 658	—	—	—	—	
1876	5 636 691	1 451	179 376	—	5 817 518	—	—	—	—	
1877	7 718 193	1 515	354 768	—	8 074 476	—	—	—	—	
1878	7 357 502	5 198	340 038	—	7 702 738	—	—	—	—	
1879	6 104 270	7 607	502 065	—	6 613 942	4	—	—	—	
1880	5 282 120	8 929	1 394 908	—	6 685 957	4	19 202 000	1 670 500	4 800 000	
1881	7 447 261	20 819	1 583 299	—	9 051 379	—	—	—	—	
1882	10 592 998	46 581	1 484 771	—	12 124 350	—	—	—	—	
1883	9 502 032	117 905	2 288 171	—	11 908 108	—	—	—	—	

1884	7 399 590	123 889	2 171 066	—	9 694 545	—	—	—	—	In der
1885	6 447 098	119 696	2 723 695	—	9 290 489	5	20 732 000	1 860 000	4 146 000	Spalte:
1886	6 982 293	139 176	2 473 268	—	9 594 737	—	—	—	—	„Zahl der
1887	8 402 068	141 859	2 376 288	—	10 920 215	—	—	—	—	Werke"
1888	8 496 025	107 539	3 755 736	22 203	12 381 503	—	—	—	—	ist die An-
1889	7 887 214	93 540	3 626 110	283 288	11 990 152	7	24 993 000	1 710 000	3 570 000	zahl der
1890	8 385 256	69 514	4 018 707	319 168	12 792 645	—	—	—	—	Werke
1891	8 188 624	58 156	5 124 937	326 612	13 698 329	—	—	—	—	bezw.
1892	7 367 507	57 825	5 857 748	326 694	13 609 774	—	—	—	—	Quoten am
1893	7 946 597	48 072	6 899 943	491 396	15 386 008	—	—	—	—	Ende der
1894	8 513 385	38 646	7 293 009	634 949	16 479 989	9	36 533 000	1 835 000	4 060 000	betreffen-
1895	7 829 442	30 121	6 695 319	760 974	15 315 856	—	—	—	—	den Jahre
1896	8 562 230	28 409	8 330 251	903 896	17 824 786	—	—	—	—	eingesetzt.
1897	8 512 720	26 190	10 121 856	841 046	19 501 812	—	—	—	—	
1898	9 909 983	24 443	11 206 157	942 701	22 083 284	—	—	—	—	
1899	13 179 475	20 664	10 631 952	1 006 532	24 838 623	12	48 450 000	2 070 000	4 040 000	
1900	16 978 932	20 474	11 893 941	1 477 911	30 370 358	—	—	—	—	
1901	18 601 891	23 352	14 321 360	1 900 342	34 846 945	—	—	—	—	
1902	17 056 646	18 211	13 545 281	1 888 208	32 508 346	21	57 978 000	1 570 000	2 800 000	
1903	18 440 365	15 534	15 828 674	1 961 403	36 245 976	—	—	—	—	
1904	19 111 660	10 555	19 068 230	2 344 551	40 534 996	—	—	—	—	
1905	22 397 099	27 308	24 055 361	2 306 216	48 785 984	28	83 370 000	1 750 000	2 970 000	
1906	22 631 972	91 905	27 540 215	2 849 435	53 113 527	—	—	—	—	
1907	25 347 888	103 595	27 889 734	3 041 431	56 372 648	—	—	—	—	
1908	27 687 939	184 730	29 217 125	3 052 824	60 142 618	—	—	—	—	
1909[2])	32 807 264	73 878	32 682 903	3 447 494	69 011 539	54	115 965 319	1 278 000	2 147 500	
1910	35 808 852		45 778 931		81 587 783	69	152 783 000	1 182 428	2 214 245	Werke.
1911	44 416 836		52 648 433		97 065 269	76 94	163 000 000	1 277 175 1 032 609	2 145 000 1 734 000	Quoten.
1912	—	—	—	—	—	115	rd. 177 000 000	—	1 549 000	„

[1]) Von 1902 ab wurden die von einzelnen Werken abgesetzten Carnallitmengen mit mindestens 12,4 % reinem Kali dem Kainitabsatz zugerechnet.

[2]) Die Zahlen bis 1909 sind dem Aufsatz von Dr. P. Krische, Ztschr. Kali 1911, Nr. 23, entnommen.

Tafel II.

Wärmeaufwand bei der Eindampfung der Endlauge zu Sechser- bezw. Vierersalz

unter der Annahme eines spez. Gewichts von 1,32, einer Temperatur von $+17^\circ$ C. und einer spez. Wärme von 0,69.[1]

Sechsersalz, $MgCl_2 . 6 H_2O$.

Zusammensetzung der Endlauge, 1 cbm = 1320 kg			Zum Eindampfen von 1 cbm Endlauge bei $+117^\circ$ C. sind erforderlich			
Salze kg	Kristallwasser kg	Lösungswasser kg	zum Entfernen des Lösungswassers Kal.	zum Entfernen des Kristallwassers Kal.	zur Überwindung der Lösungs- und Hydratationswärme Kal.	Summe von Spalte 4, 5 und 6 Kal.
1	2	3	4	5	6	7
350 kg $MgCl_2$	$6 H_2O = 398$ kg[2]			—	$+ 10300$[5]	
32 kg $MgSo_4$	$7 H_2O = 34$ kg[2]	(1320—408	$+ 290\,400$[4]	—	$- 1020$[6]	$+ 299\,073$
16 kg KCl	—	—432) kg		—	— 960[7]	
10 kg $NaCl$	—			—	— 217[8]	
Sp. 408 kg	432	480[3]	$+ 290\,400$	—	$+ 8\,173$	rund $+ 300\,000$

Vierersalz, $MgCl_2 . 4 H_2O$.

Die durch Eindampfen erzielte Zusammensetzung soll sein		An freiem Wasser und mithin vorhanden	Zum Eindampfen von 1 cbm Endlauge bei $+122^\circ$ C. sind erforderlich			
kg	kg	kg	zum Entfernen des Lösungswassers Kal.	zum Entfernen des Kristallwassers Kal.	zur Überwindung der Lösungs- und Hydratationswärme Kal.	Summe von Spalte 4, 5 und 6 Kal.
1	2	3	4	5	6	7
350 kg $MgCl_2$	$4 H_2O = 265$ kg[2]			$+ 81\,000$[9]	$+ 51\,560$[10]	
32 kg $MgSo_4$	$1 H_2O = 5$ kg[2]	(1320—408	$+ 292\,000$[4]	$+ 18\,000$[9]	$+ 3\,566$[11]	$+ 445\,000$
16 kg KCl	—	—270) kg		—	— 960[7]	
10 kg $NaCl$	—			—	— 217[8]	
Sp. 408 kg	270	642[3]	$+ 292\,000$	$+ 99\,000$	$+ 54\,000$	rund $+ 450\,000$

[1]) Nach Landolt-Börnstein ist die spez. Wärme einer 29,1 %igen $MgCl_2$-Lösung zwischen $+18$ und $+52^\circ$ C.: 0,6824. Da nun aber die spez. Wärme mit der Konzentration schneller sinkt als mit der Temperatur steigt, so mußte hier ein anderer Wert in Ansatz gebracht werden. Der Einfachheit halber ist aber der Wert 0,69 gewählt worden.

[2]) Nach den Gesetzen der Stöchiometrie.

[3]) Spalte 3 ergibt sich aus dem Gesamtgewicht von einem Kubikmeter Endlauge vermindert um Spalte 1 und 2.

[4]) Es sind 480 kg von 17° C. bei 117 bezw. 122° C. zu verdampfen. Der Wärmeverbrauch ist daher $480 \cdot (117-17) \cdot 0{,}69 + 480 \cdot 536 = 290400$ Kal. bezw. $480 \cdot (122-17) \cdot 0{,}69 + 480 \cdot 536 = 292000$ Kal.

[5]) Die Lösungswärme von 1 g Mol. von $MgCl_2 \cdot 6H_2O$ beträgt bei $+15^\circ$ C. $+2{,}82$ Kal., mithin die von $350 + 398 = 748$ kg $\frac{2820 \cdot 748}{203} = +10300$ Kal.

[6]) Die Lösungswärme von 1 g Mol. von $MgSo_4 \cdot 7H_2O$ ist $-3{,}8$ Kal., mithin von $(32+34)$ kg $MgSo_4 \cdot 7H_2O$ $\frac{3800 \cdot 66}{246} = -1020$ Kal.

[7]) Die Lösungswärme von 1 g Mol. KCl ist $-4{,}44$ Kal., mithin die von 16 kg KCl $\frac{4440 \cdot 16}{74} = -960$ Kal.

[8]) Die Lösungswärme von 1 g Mol. $NaCl$ ist $-1{,}260$ Kal., mithin die von 10 kg $NaCl$ $\frac{1260 \cdot 10}{58} = -217$ Kal.

[9]) Es sind an Kristallwasser zu verdampfen $398 - 265 = 133$ bezw. $34 - 5 = 29$ kg bei 122° C. Hieraus ergeben sich die Werte nach Anmerkung 4 zu $133 \cdot (122-17) \cdot 0{,}69 + 133 \cdot 536 = 81000$ Kal. und $29 (122-17) \cdot 0{,}69 + 29 \cdot 536 = 18000$ Kal.

[10]) Die Lösungs- und Hydratationswärme von 1 g Mol. $MgCl_2 \cdot 4H_2O$ beträgt rund 14 Kal., mithin von $350 + 225 = 615$ kg $MgCl_2 \cdot 4H_2O$: $\frac{14000 \cdot 615}{167} = +51560$ Kal.

[11]) Die Lösungs- und Hydratationswärme von 1 g Mol. $MgSo_4 \cdot 1H_2O$ ist $+13{,}3$ Kal., mithin von $32 + 5 = 37$ kg $\frac{133000 \cdot 37}{138} = +3566$ Kal.

Besondere Anmerkung: Die Molekulargewichte sind abgerundet von $MgCl_2 \cdot 6H_2O$: 203, von $NaCl$: 58, von $MgCl_2 \cdot 4H_2O$: 167, von KCl: 74, von $MgSo_4 \cdot 7H_2O$: 246, von $MgSo_4 \cdot 1H_2O$: 138.

Ta-

**Handelsbilanz der unmittelbar aus der Endlauge gewinnbaren Handels-
unter Berücksichtigung**

Name	Chemische Formel	Position in der Reichs-statistik
1. Chlormagnesium (geschmolz. od. krist.) . .	$MgCl_2 . 6 H_2O$	317 f.
2. Chlorkalzium	$CaCl_2 . 6 H_2O$	317 f.
3. Bittersalz	$MgSO_4 . 7 H_2O$	317 f.
4. Magnesiumkarbonat (künstl.)	$MgCO_3$	313
5. Magnesit (natürliches) und das aus diesem gewonnene Magnesiumoxyd	$MgCO_3, MgO$	227 c.
6. Salzsäure	HCl	272
7. Chlorkalk und Bleichlaugen	$Ca(OCl)_2 . CaCl_2 . 2 H_2O$	292 a.

Name	Chemische Formel	Position in der Reichs-statistik
1. Chlormagnesium (geschmolz. od. krist.) . .	$MgCl_2 . 6 H_2O$	317 f.
2. Chlorkalzium	$CaCl_2 . 6 H_2O$	317 f.
3. Bittersalz	$MgSO_4 . 7 H_2O$	317 f.
4. Magnesiumkarbonat (künstl.)	$MgCO_3$	313
5. Magnesit (natürliches) und das aus diesem gewonnene Magnesiumoxyd	$MgCO_3, MgO$	227 c.
6. Salzsäure	HCl	272
7. Chlorkalk und Bleichlaugen	$Ca(OCl)_2 . CaCl_2 . 2 H_2O$	292 a.

Name	Chemische Formel
1. Chlormagnesium (geschmolz. od. krist.)	$MgCl_2 . 6 H_2O$
2. Chlorkalzium	$CaCl_2 . 6 H_2O$
3. Bittersalz	$MgSO_4 . 7 H_2O$
4. Magnesiumkarbonat (künstl.)	$MgCO_3$
5. Magnesit (natürliches) und das aus diesem gewonnene Magnesiumoxyd	$MgCO_3, MgO$
6. Salzsäure	HCl
7. Chlorkalk und Bleichlaugen	$Ca(OCl)_2 . CaCl_2 . 2 H_2O$

fel III.

produkte, soweit sie in der deutschen Reichsstatistik geführt werden, der Jahre 1907—1911.

	Einfuhr:					
in 100 kg = 1 dz	1911 Wert der Einfuhr in 1000 M.	Wert eines dz in Mark	1910 in dz = 100 kg	1909 in dz = 100 kg	1908 in dz = 100 kg	1907 in dz = 100 kg
} 4 093	16	3,8	2 839	1 445	3 272	7 959
1 569	47	30	1 770	1 013	377	1 195
479 301	2037	4,25	402 184	299 936	283 049	308 570
73 235	183	2,5	60 400	49 233	44 209	50 822
10 837	98	9	12 658	12 230	14 653	17 231

	Ausfuhr:					
} 438 712	2457	5,60	353 200	313 340	275 254	295 511
213 536	990	4,64	182 996	168 868	134 437	135 473
7 344	300	42,3	4 773	3 951	3 782	1 430
45 758	714	15,6	53 989	37 040	40 212	32 640
163 579	1005	6,14	161 134	159 909	146 185	162 849
271 320	2922	10,8	247 345	273 110	238 949	249 455

Überschuß der Ausfuhr über die Einfuhr 1911		Einfuhrzoll in Deutschland in M./dz
in dz	in 1000 M.	
} +648 155	+3431	—
+ 5 775	+ 253	—
433 543	1323	—
+ 90 344	—	—
+260 483	+2824	1,00

Tafel IV.

Einfuhrzölle einiger der wichtigeren Handels- und Industriestaaten der Erde[1][2]) auf Waren, welche aus der Endlauge gewonnen werden können.

Bezeichnung der Stoffe	Chemische Zusammensetzung der Stoffe	Wert von 100 kg in Mark	Deutschland in Mark auf 100 kg	Österr.-Ungarn		Italien		Frankreich		Rußland	
				in Kronen auf 100 kg	bezogen auf Mark und 100 kg 1 Krone = 0,85 M.	in Lire auf 100 kg	bezogen auf Mark und 100 kg 1 Lire = 0,81 M.	in Franc auf 100 kg	bezogen auf Mark und 100 kg 1 Franc = 0,81 M.	in Rubel und Pud	bezogen auf Mark und 100 kg 1 Pud = 16,381 kg 1 Rubel = 2,16 M.
1. Magnesium	Mg	1200	frei	15 % v. W.	180	4	3,24	5 % v. W.	60	5 % v. W.	60
2. Magnesiumoxyd	MgO	110—250	„	1,20	1,02	unr. 25 rein 50	20,25 40,50	gebr. Magnesia 18,5	15,00	0,15	1,94
3. Magnesiumchlorid	$MgCl_2 \cdot 6H_2O$	10—80	„	frei	frei	1,00	0,81	2	1,62	0,25	3,23
4. Kalziumchlorid	$CaCl_2 \cdot 6H_2O$	6,50—28	„	1,20	1,02	1,00	0,81	frei	frei	0,25	3,23
5. Magnesiumkarbonat (künstliches)	$MgCo_3$	53—150	„	15 % v. W.	95 bis 2,25	25	20,25	6,25	5,06	?	?
6. Magnesiumkarbonat (natürliches)	$MgCo_3$	4,25	„	frei	frei	frei	frei	frei	frei	nat. 0,06 gemahl. gebr. 0,15	0,75 1,94
7. Magnesiumsulfat u. Kieserit	$MgSO_4 \cdot 7H_2O$	6—28	„	7,20	6,12	1,50	1,21	„	„	0,25	3,23
8. Salzsäure	HCl	7,5—24	„	0,80	0,68	1	0,81	0,30	0,24	0,66+10%	7,74+10%
9. Chlor	Cl	flüssig 70, komp. 150—200	„	15 % v. W.	10,50 bis 30	10	8,1	flüssig 4	3,24	—[3])	—[3])
10. Chlorkalk	$Ca(ClO)_2 \cdot CaCl_2 \cdot 2H_2O$	11,5—17	1,00	0,80	0,68	4	3,34	3,50	2,84	1,05+10%	13,55+10%
11. Magnesiazement[4])	wechselnd	—[4])	0,50	1	0,85	0,50	0,41	0,4—0,6	0,32—0,49	0,15	1,94
12. Steinholz (Xylolith)	„	15—18	1—3	3,60	3,06	?	?	2	1,62	0,12—0,20	2,58

[1]) Die Zahlen sind der „Systematischen Zusammenstellung der Zolltarife des In- und Auslands", herausgegeben vom Reichsamt des Innern, entnommen.

[2]) Unbedingte Genauigkeit kommt den Zahlen nur insoweit zu, als die zugehörigen Positionen in den Tarifen namentlich aufgeführt sind.

[3]) Flüssige Kohlensäure und andere flüssig gemachte Gase werden mit 80 % des Gesamtgewichtes nach dem Material der Flaschen verzollt.

[4]) Ein Satz kann hier nicht angegeben werden, da die Magnesiazemente zurzeit fast ausschließlich erst am Verbrauchsort aus Magnesiumoxyd und Chlormagnesiumlauge hergestellt werden. Die fremden Staaten begreifen hierunter auch Waren aus Magnesiazement, wie Cajalith, Tapolith usw.

Bezeichnung der Stoffe	Chemische Zusammensetzung der Stoffe	Wert von 100 kg in Mark	Spanien in Peseten auf 100 kg	Spanien bezogen auf Mark und 100 kg 1 Peseta = 0,81 M.	Türkei bezogen auf 100 kg und Mark	Belgien in Franc auf 100 kg	Belgien bezogen auf 100 kg und Mark 1 Fr. = 0,81 M.	Holland in Gulden auf 100 kg	Holland bezogen auf Mark und 100 kg 1 Gulden = 1,70 M.	Dänemark in Kronen auf 100 kg	Dänemark bezogen auf Mark und 100 kg 1 Krone = 1,12 M.
1. Magnesium . . .	Mg	1200	15	12,15	132	2 %	24	frei	frei	7,5 %	90
2. Magnesiumoxyd . .	MgO	110—250	15	12,15	12,0—27,5	2 „	2,2—5,00	„	„	7,5 „	8,25—18,75
3. Magnesiumchlorid .	$MgCl_2, 6H_2O$	10—80	0,75	0,60	0,88—8,8	frei	frei	„	„	frei	frei
4. Kalziumchlorid . .	$CaCl_2, 6H_2O$	6,50—28	3,00	2,43	0,75—3,08	2 %	0,70—5,6	„	„	7,5 %	0,49—2,10
5. Magnesiumkarbonat (künstliches) . . .	$MgCO_3$	53—150	0,75	0,60	5,38—16,5	2 „	1,06—3,00	„	„	7,5 „	4,23—11,25
6. Magnesiumkarbonat (natürliches) . . .	$MgCO_3$	4,25	0,20	0,64	0,47	frei	frei	„	„	frei	frei
7. Magnesiumsulfat u. Kieserit	$MgSO_4, 7H_2O$	6—28	2,25	1,82	0,66—3,08	2 %	0,12—0,56	„	„	7,5 %	0,45—2,1
8. Salzsäure	HCl	7,5—24	2,25	1,82	0,83—2,64	frei	frei	„	„	frei	frei
9. Chlor	Cl	flüssig 70,¹ komp. 150—200	15	12,15	0,77 / 16,5—22	2 %	1,4 / 3—4	„	„	0,10	7,00 / 15—20
10. Chlorkalk	$Ca(ClO)_2 . CaCl_2 . 2H_2O$	11,5—17	3,00	2,43	1,265—1,87	frei	frei	„	„	0,10	1,15—1,7
11. Magnesiazement .	wechselnd	—	0,50	0,41	—¹)	2 %	„	„	„	frei	frei
12. Steinholz (Xylolith)	„	15—18	20	16,20	1,65—1,98	pro qm 1—1,50	0,81—1,22	„	„	7,5 %	1,13—13,5

(In der Türkei-Spalte: 11 % vom Wert)

¹) Vergl. die Anmerkung 4 auf S. 80.

Bezeichnung der Stoffe	Chemische Zusammensetzung der Stoffe	Wert von 100 kg in Mark	Schweden		Norwegen		Schweiz		Mexiko	
			in Kronen und kg	bezogen auf Mark und 100 kg 1 K. = 1,12 M.	in Kronen und kg	bezogen auf Mark und 100 kg 1 K. = 1,12 M.	in Franken und 100 kg	bezogen auf Mark und 100 kg 1 Frank = 0,81 M.	in Peseta und 100 kg	bezogen auf Mark und 100 kg 1 Pes. = 2,09 M.
1. Magnesium . . .	Mg	1200	15 % v.W.	180	15 % v.W.	180	5 % v. W.	180	1	2,09
2. Magnesiumoxyd. .	MgO	110—250	frei	frei	15 „ „ „	16,50 bis 37,50	0,30	0,24	1	2,09
3. Magnesiumchlorid .	$MgCl_2 . 6H_2O$	10—80	„	„	15 „ „ „	1,5—12	frei	frei	1	2,09
4. Kalziumchlorid . .	$CaCl_2 . 6H_2O$	6,50—28	„	„	15 „ „ „	0,98—4,20	0,30	0,24	1	2,09
5. Magnesiumkarbonat (künstliches) . . .	$MgCO_3$	53—150	„	„	15 „ „ „	6,95—22,5	0,30	0,24	1,50	3,14
6. Magnesiumkarbonat (natürliches) . . .	$MgCO_3$	4,25	„	„	frei	frei	frei	frei	1,50	3,14
7. Magnesiumsulfat u. Kieserit	$MgSO_4 . 7H_2O$	6—28	„	„	15 % v.W.	0,90—4,20	0,30	0,24	4,50	9,41
8. Salzsäure	HCl	7,5—24	100 kg: 0,60	0,67	15 „ „ „	1,13—3,6	0,30	0,24	1,50	3,14
9. Chlor	Cl	flüssig 70, komp. 150—200	15 % v.W.	1,13—3	15 „ „ „	10,50 22,5—30	0,30	0,24	1	2,09
10. Chlorkalk	$Ca(ClO)_2 .$ $CaCl_2 . 2H_2O$	11,5—17	100 kg: 1	1,12	0,02	2,24	1	0,81	0,01	0,02
11. Magnesiazement .	wechselnd	—	0,60	0,67	0,30	33,6	1	0,81	0,07	1,46
12. Steinholz (Xylolith)	„	15—18	0,20	3—3,60	0,50	56	4	3,24	0,01	0,02

Bezeichnung der Stoffe	Chemische Zusammensetzung der Stoffe	Wert von 100 kg in Mark	Brasilien		Ver. Staat. v. N.-Am.		China		Japan	
			in Reis und kg	bezogen auf Mark und kg 1 Milreis = 1,30 M.	in Dollar und Pfund	bezogen auf Mark und 100 kg 1 Dollar = 4,20 M. 1 Pfund = 0,4536 kg	in Taels und Pikul	bezogen auf Mark und 100 kg 1 Tael = 6,41 M. 1 Pikul = 60,453 kg	in Jen und 100 Kin = Pikul	bezogen auf Mark und 100 kg 1 Jen = 4,12 M. 1 Pikul = 60,479 kg
1. Magnesium	Mg	1200	1000	130	10 % v.W.	120	5 % v. W.	60	20 % v.W.	240
2. Magnesiumoxyd	MgO	110—250	1000	130	frei	frei	5 „ „ „	5,5—50	2,50	11,08
3. Magnesiumchlorid	$MgCl_2 \cdot 6H_2O$	10—80	25 % v.W.	2—20	10 % v.W.	0,8—8	5 „ „ „	0,4—4	20 % v.W.	1,6—16
4. Kalziumchlorid	$CaCl_2 \cdot 6H_2O$	6,50—28	unr. 100 rein 500	13—65	10 „ „ „	0,65—2,80	5 „ „ „	1,4	20 „ „ „	1,3—5,6
5. Magnesiumkarbonat (künstliches)	$MgCO_3$	53—150	400	52,00	medizinisch 3—7 C.	27,75 bis 64,75	5 „ „ „	2,65—7,5	frei	frei
6. Magnesiumkarbonat (natürliches)	$MgCO_3$	4,25	frei	frei	frei	frei	5 „ „ „	0,21	„	„
7. Magnesiumsulfat u. Kieserit	$MgSO_4 \cdot 7H_2O$	6—28	30	3,90	$^1/_5$ C. Kieserit frei	1,85	5 „ „ „	0,3—1,4	20 % Kieserit frei	1,2—5,6
8. Salzsäure	HCl	7,5—24	120	15,60	frei	frei	5 „ „ „	0,375—1,2	20 % v.W.	1,5—4,8
9. Chlor	Cl	flüssig 70, komp. 150—200	25 % v.W.	17,5 37,5—50	10 % v.W.	7 15—20	5 „ „ „	3,50 7,5—10	20 „ „ „	14 30—40
10. Chlorkalk	$Ca(ClO)_2 \cdot CaCl_2 \cdot 2H_2O$	11,5—17	50	6,5	$^1/_5$ C.	1,85	0,3	3,53	20 „ „ „	5,92
11. Magnesiazement	wechselnd	—	20	2,60	20 %	— ¹)	3 Pikul 0,15	1,59	10 %	1,48
12. Steinholz (Xylolith)	„	15—18	2000	260	25—35 %	3,75—5,30	5 % v. W.	0,75—0,90	40 %	6—10,8

¹) Vergl. die Anmerkung 4 auf S. 80.